高等院校建筑学专业本科系列教材

建筑·景观 Architecture·Landscape

方案推演与表达

Deduction and Expression of Project

徐 伟 著

WUHAN UNIVERSITY PRESS
武汉大学出版社

图书在版编目(CIP)数据

建筑·景观方案推演与表达/徐伟著.—武汉：武汉大学出版社,2017.8
高等院校建筑学专业本科系列教材
ISBN 978-7-307-19539-4

Ⅰ.建…　Ⅱ.徐…　Ⅲ.①建筑画—绘画技法—高等学校—教材　②景观设计—绘画技法—高等学校—教材
Ⅳ.①TU204　②TU986.2

中国版本图书馆 CIP 数据核字(2017)第 177782 号

责任编辑:任仕元　　　责任校对:李孟潇　　　整体制作:汪冰滢

出版发行：**武汉大学出版社**　(430072　武昌　珞珈山)
(电子邮件：cbs22@ whu.edu.cn　网址：www.wdp. com.cn)
印刷：湖北恒泰印务有限公司
开本:787×1092　1/12　印张:14　字数:68 千字
版次：2017 年 8 月第 1 版　　　2017 年 8 月第 1 次印刷
ISBN 978-7-307-19539-4　　　定价:49. 00 元

前 言

《建筑•景观 方案推演与表达》是通过手绘表达的方式，讲述如何从草图构思到方案设计的完整过程。草图构思与推演过程是方案设计的重要环节。但如今各种绘图软件工具的出现，计算机效果图的强大，使得越来越多的设计者离手绘越来越远，转而用鼠标和屏幕代替了纸与笔。安藤忠雄曾说过：“草图就像是建筑师的一座还未完成的建筑，是建筑师与自我以及他人进行交流的一种方式。草图因此而拥有了生命力，因为其中充满了建筑师深刻的内心斗争，印证了建筑师复杂的心路历程，并处处表现出建筑师‘手的痕迹’。”

手绘——作为设计入门的第一课，是每个设计者都应该具备的能力。但近些年，电脑制图的流行使得手绘被渐渐忽视。这种现象不只出现在社会上，在高校教学中，也存在着学生过度依赖电脑制图的趋势。但事实上，手绘不论在学习或是工作过程中，应该都是非常重要的一部分。优秀的手绘表达不但具有便捷性、直观性，而且其特有的个人风格的表现与艺术魅力的彰显更容易赢得认可。

本书从手绘基础训练入手，通过基础线条、临摹、写生、上色以及设计构思等阶段的讲解，循序渐进地介绍了设计各个阶段的重点与技巧，深入浅出地展示了设计方案手绘的完整过程。同时，书中提供了大量精心挑选的手绘作品，这些作品涉及设计的各个阶段，可为设计者提供参考。

书中融入了作者多年来在教学与设计一线所总结的手绘设计经验，并归纳了设计中学习与训练的规律。整书内容由易到难，简洁明了，便于学习。本书可作为高等院校风景园林、环境艺术、建筑学、城乡规划学等专业的手绘与设计课程教材，或是作为设计行业初学者与爱好者的入门书籍，同时也可供相关设计人员参考。

在长达两年多的书稿收录和编写过程中，得到了彭良波、任伟、杨梦、栾敏敏、库从聪、丁艺宁、周家荣、王雨晗等研究生的协助。同时，本书的出版也得到了武汉城市规划设计研究院及其他设计单位的大力支持与帮助，在此表示衷心的感谢。

由于作者水平有限，本书可能还存在许多不足之处，恳请各位读者与同行多多批评、指正。

目 录

1 入门篇

本部分为入门篇，主要介绍手绘的基础训练。

首先需要了解的是手绘工具。所谓“工欲善其事，必先利其器”，完善的工具准备是打好基础的第一步。

线条训练在基础练习中起到了关键的作用。线条看似简单，却是手绘的基本构成，不同的线条组合变化会出现不一样的效果，因此，线条的练习必不可少。而在熟练运用线条后，临摹与写生训练是下一步学习的重点。很多有成就的设计师或艺术家经常进行写生训练，积累设计构思素材，用草图表达设计想法，对同一个任务书的不同方案进行推演比较，以使得设计对象和设计思路准确地得以展现。

1.1 工具准备

（1）铅笔：铅笔是由石墨与粘土制成的笔芯，是基本的工具之一。
特点：便捷、软硬可选择，层次分明，便于修改。

（2）签字笔：笔尖为纤维结构的签字笔其笔尖柔软，使用舒适。
特点：出水顺滑流畅，线条优美。

（3）彩色铅笔：彩色铅笔是一种非常容易掌握的涂色表现工具，表现的效果以及外形都类似于铅笔。
特点：颜色多种多样，表现效果清淡，清新简单。

（4）油画棒：油画棒是一种油性彩色绘画工具，一般为长10厘米左右的圆柱形或棱柱形。
特点：油画棒手感细腻，铺展性好，叠色、混色性能优异。

（5）马克笔：马克笔又称麦克笔，是当前主要的绘图工具之一。马克笔分为水性与油性两种，是一种快速、简洁的渲染工具。
特点： 水性色彩清淡透明易叠加，容易控制，适合于初学者。油性色彩鲜亮明快，适合小范围使用。

（6）电脑绘图：电脑绘图多在数位板或数位屏上进行，数位板或数位屏是计算机输入设备的一种，通常由一块板子和一支压感笔组成。
特点：计算机的易用性与多功能性可使设计者更加得心应手。

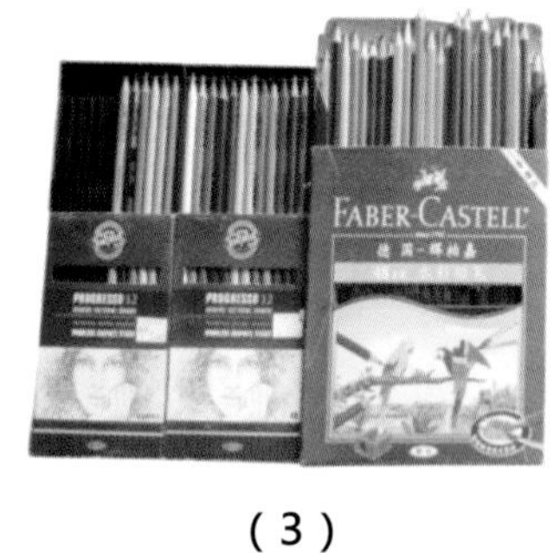

（3）

（4）

（1）

（2）

（5）

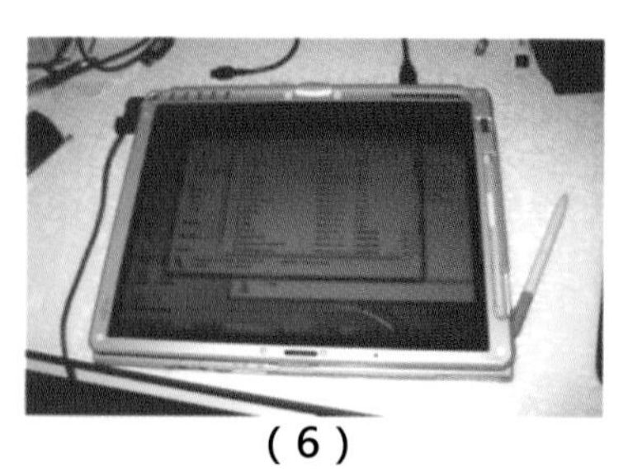
（6）

1.2 线条和临摹

1.2.1 基础线条

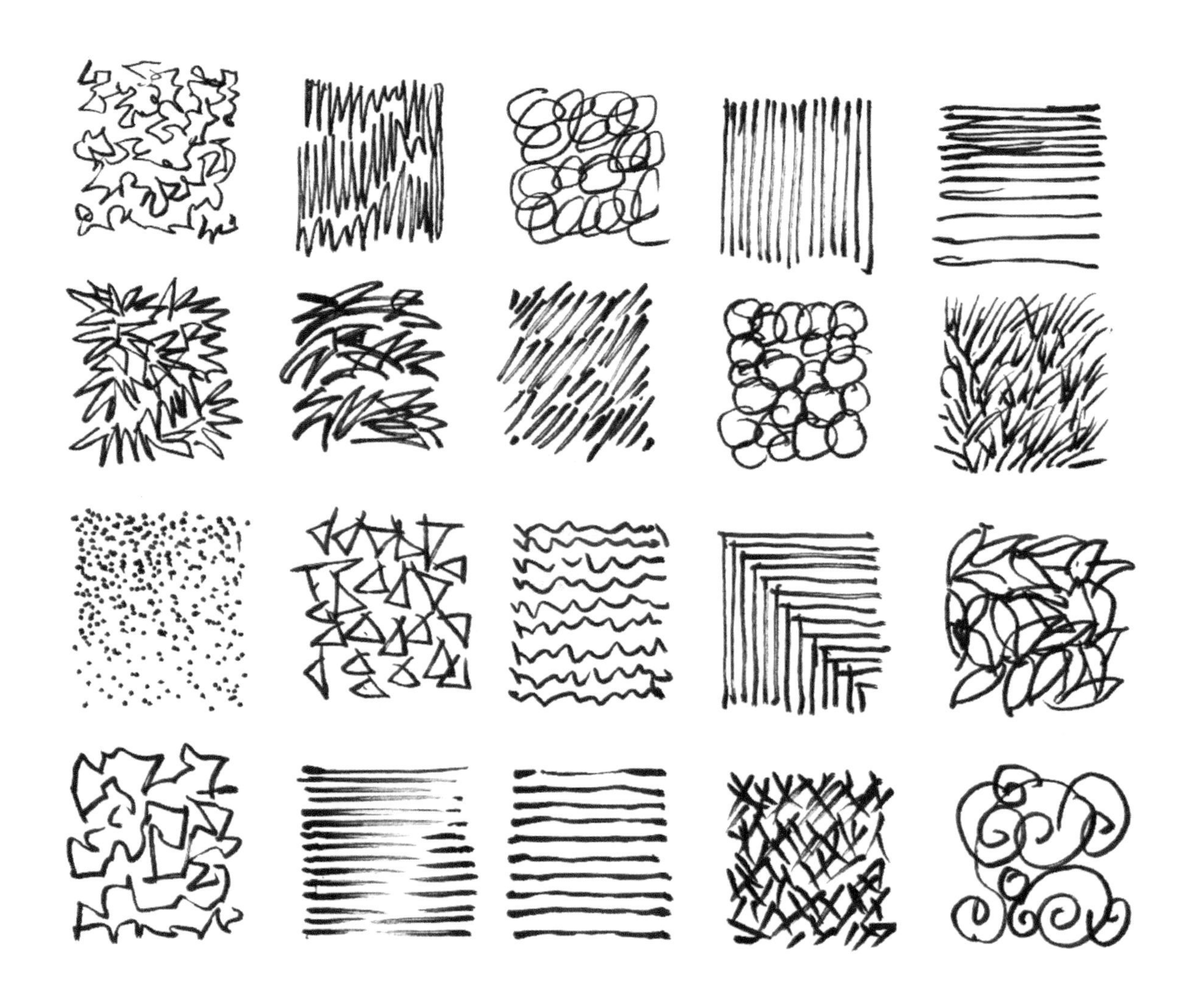

手绘线条是组成不同材质、光影、肌理的重要表现方法。钢笔线条的粗细以及不同的排列组合，能够表现出不同物体的质感与特征。需在平时加强线条练习。

1.2.2 复杂线条组合

ORIENTAL HOTEL 東方大酒店

该设计手绘中是通过不同线型来体现不同的物体质感。

1.3 创作准备

1.3.1 创作素材准备

基本元素收集：

室外环境捕捉：

在日常生活中，我们应善于捕捉眼前所看到的事物，并且以速写的方式将其记录下来。一个设计师与普通人的不同之处，就在于能够发现事物，并且能够以独特的视角提取其中的关键元素。训练有素的设计师，在生活中的任何一个场景中，都能敏锐地发现其中的透视规律、组织元素，以及对该场景作出独到的认识和评判。设计师不仅仅要具有艺术家的眼光，更要有对所见场景的理性分析与概括。

室内环境捕捉：

线条作为一种原始的艺术语言，它本身包含着多重审美因素。在艺术表现的历史演进中，线条具备了强弱、精细、穿插、节奏变化等形式美感，并且也具有了高度的概括力和深刻的表现力。线条表达也是绘画和设计最基本的训练。

1.3.2 简单单体

生活随笔

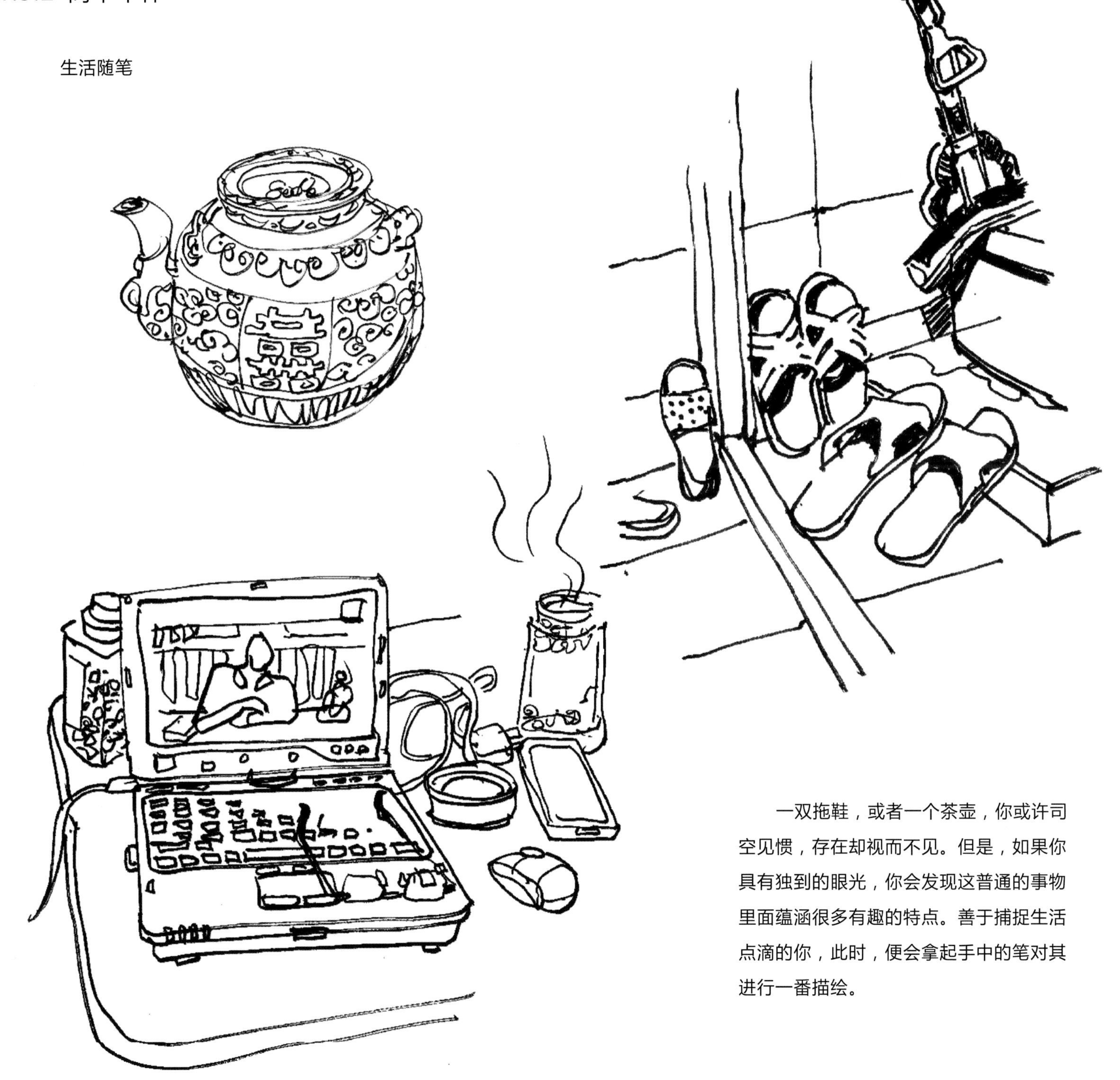

一双拖鞋，或者一个茶壶，你或许司空见惯，存在却视而不见。但是，如果你具有独到的眼光，你会发现这普通的事物里面蕴涵很多有趣的特点。善于捕捉生活点滴的你，此时，便会拿起手中的笔对其进行一番描绘。

这是用电脑与手绘板绘制的。不管是用什么工具，手绘板也好，纸笔也好，对于创作者而言都是一样的。需要抓住生活中的点点滴滴，一花一草，甚至一瓶一罐，用快速的描绘方式将其记录下来，将眼前所见转化为线条和色彩块面。

同样是对生活事物的快速描绘，不管是有色彩还是只有黑白灰关系的草图，均有助于之后的快速表达。掌握黑白灰关系，可以更好地理解色彩之间的联系。

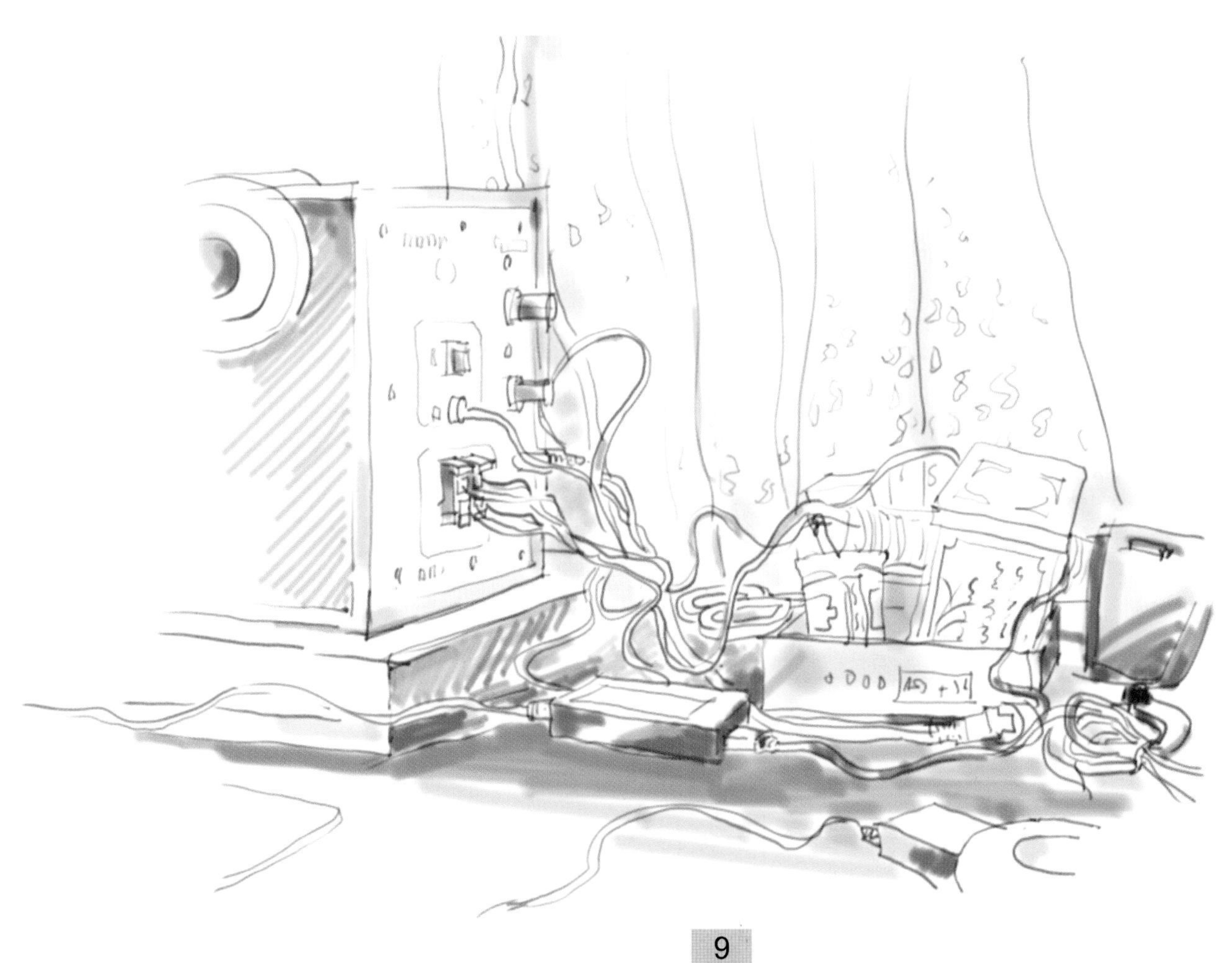

写生于10年2月17日
晚.武汉大学家中桌面

1.3.3 人物写生

学生观察作品
2014.11.

有时候，人物写生不仅仅是画家的事情，作为设计师也不可避免。我们在做一个设计的时候，必定要考虑人物的存在，人物的尺度、人物的肢体语言。因此，在平时收集生活事物特征时，千万不可忽略人物的写生。简单的几笔，或许就可以传神地表达人物的性格特征。

1.3.4 室内场景

直接对实物进行描绘，是提升绘画能力的基本技法。写生不仅可以体验生活，收集素材，同时也是素材再创作的过程。

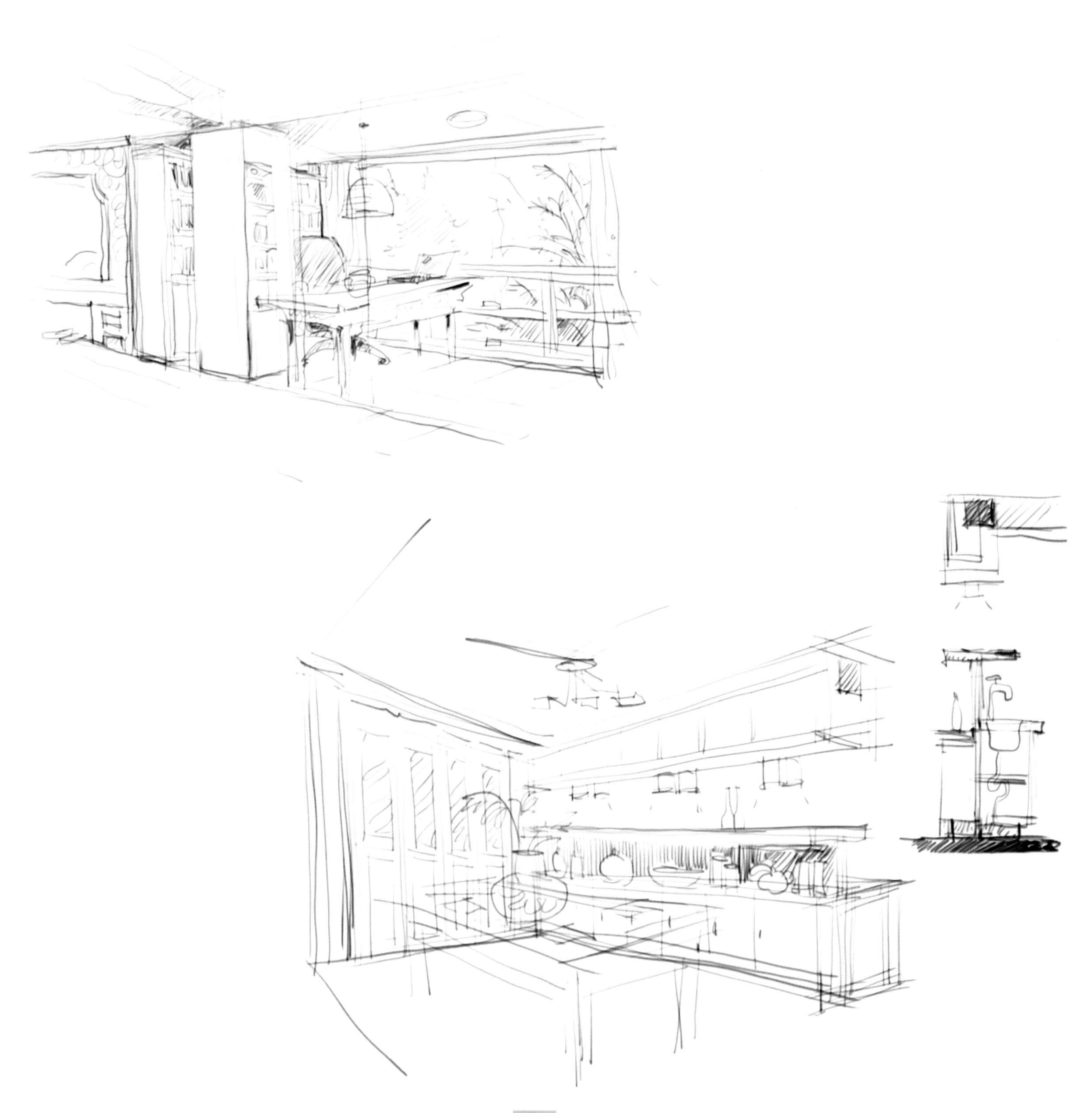

SONY
2012.3

1.3.5 室外场景

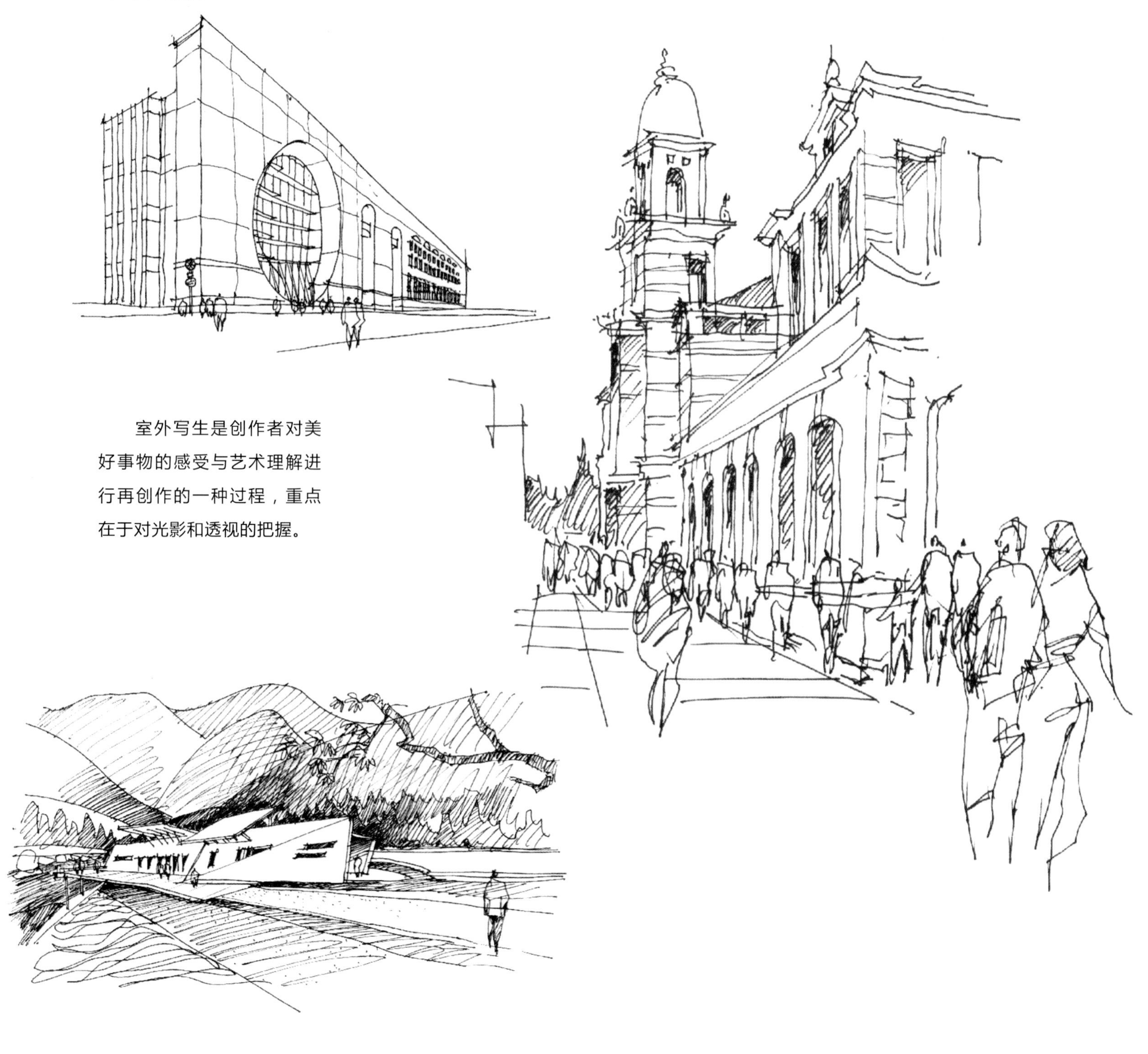

室外写生是创作者对美好事物的感受与艺术理解进行再创作的一种过程，重点在于对光影和透视的把握。

下班回家在
八一路堵车.
2015.1.4
2015.1.3.

2014.6.2
2014.12.28

2014.12.31

2015.1.3

2014.10.6

1.4 优秀设计方案抄绘与改绘

1.4.1 抄绘练习

对于设计人员来说，阅读大量相关资料和书籍尤为重要。对于优秀的设计元素例如窗户、入口、墙面材质等进行抄绘，有针对性地对素材进行分类、收集、提取和积累，逐步掌握各种设计元素，将会为日后草图构思和方案设计提供帮助。

入口抄绘

1.4.2 沿街立面改造

本草图方案是对建筑沿街的立面进行改造和修正，并且对街道周围的环境进行改造，主要是增加装饰构架，同时对墙体进行改造，并适当增加绿化，烘托出街道热闹、繁华的氛围。

现状图片

1.4.3 街道改造

商业广场方案（一）

现状图片

蒙图改造

对于实际街道的改造，可以直接在实景照片上蒙上草图纸进行绘制，这样可以真实地反映出改造后的情景。

商业广场方案（二）

现状图片

蒙图改造

1.4.4 隧道改造

现状照片

隧道北入口

北侧隧道口装饰轻盈钢构并涂装不同的色彩。

隧道入口左侧是宿舍区与运动场区，人流较大，该处可设置信息墙，用于发布各式校园信息。

透视图色彩稿

1.4.5 大楼主入口广场改造

现状照片

大楼主入口广场两侧绿地区种植垂柳、松柏等植物，广场中心区设置种植器序列摆放。在继承和发扬场地良好条件的设计基础上，不断探索新的内容，使得入口广场美观、大气，更具时代感。

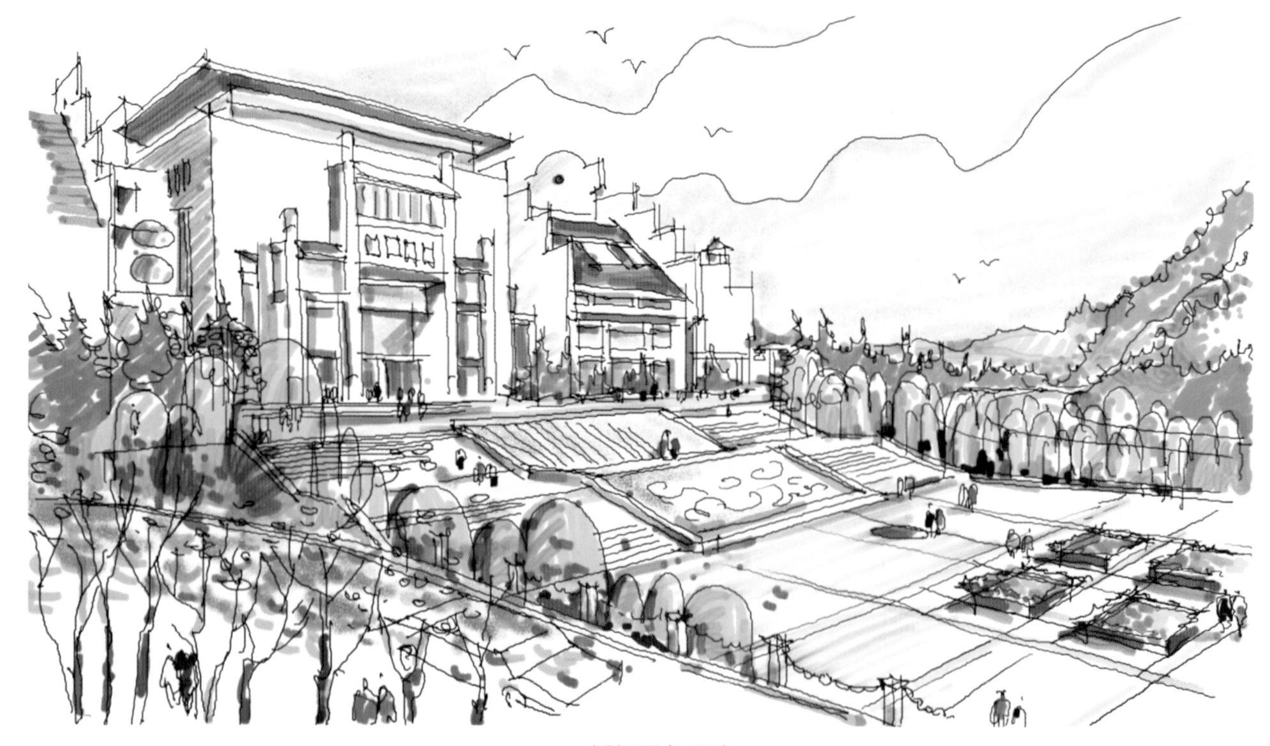

透视图色彩稿

1.4.6 学校改造

书卷路现状照片

书卷路设计彩色稿

在山脚下设置卷轴文化墙，结合学校发展过程可设置人文、历史等相关内容来体现校园文化。

行之道现状照片

入口设置文化牌坊；结合学校人文，由景观文化墙引导进入校园，加深空间感，使整个校园显得更加生动活泼。

景观设计色彩稿

现状照片

文科楼设计色彩稿

文科楼前广场道路笔直，中央设置小型喷泉水池、雕塑，主路两侧布置整齐的灌木、松柏、桂花、樟树等景观元素，形成了丰富的景观层次。

1.4.7 假山景观改造

山体北侧构筑假山隧道，坐落水景之中，形成别具趣味的特色景观点。层层看台可俯瞰校园美景。

生态密林区假山水景

透视图

1.4.8 住宅景观改造

住宅的改造，在满足业主需求的同时，重点在于把住宅本身也作为景观的一部分，住宅与外部景观相协调并互为借景。除此之外，还要保证室内的景观视线通畅。

1.4.9 幼儿园景观改造

该幼儿园是在教会老建筑的基础上进行改造。改造时，要保证外立面与景观和老建筑相协调，并且在色彩的运用上满足幼儿园的需求。

1.5 灵感随笔

1.5.1 草图构思

案例一

草图可以快速记录设计人员的想法，推敲形体的变化过程，为后期设计方案的结构、材料以及场地的构思说明提供帮助。勾勒草图的笔应该选用出水流畅、粗细有致的笔，最好选用软头笔。纸张选择光滑流畅的白纸。

在方案构想阶段，大可不必拘泥于工程结构的限制，应充分发挥设计师的奇思妙想，甚至有些“天马行空”的想法也未尝不可。

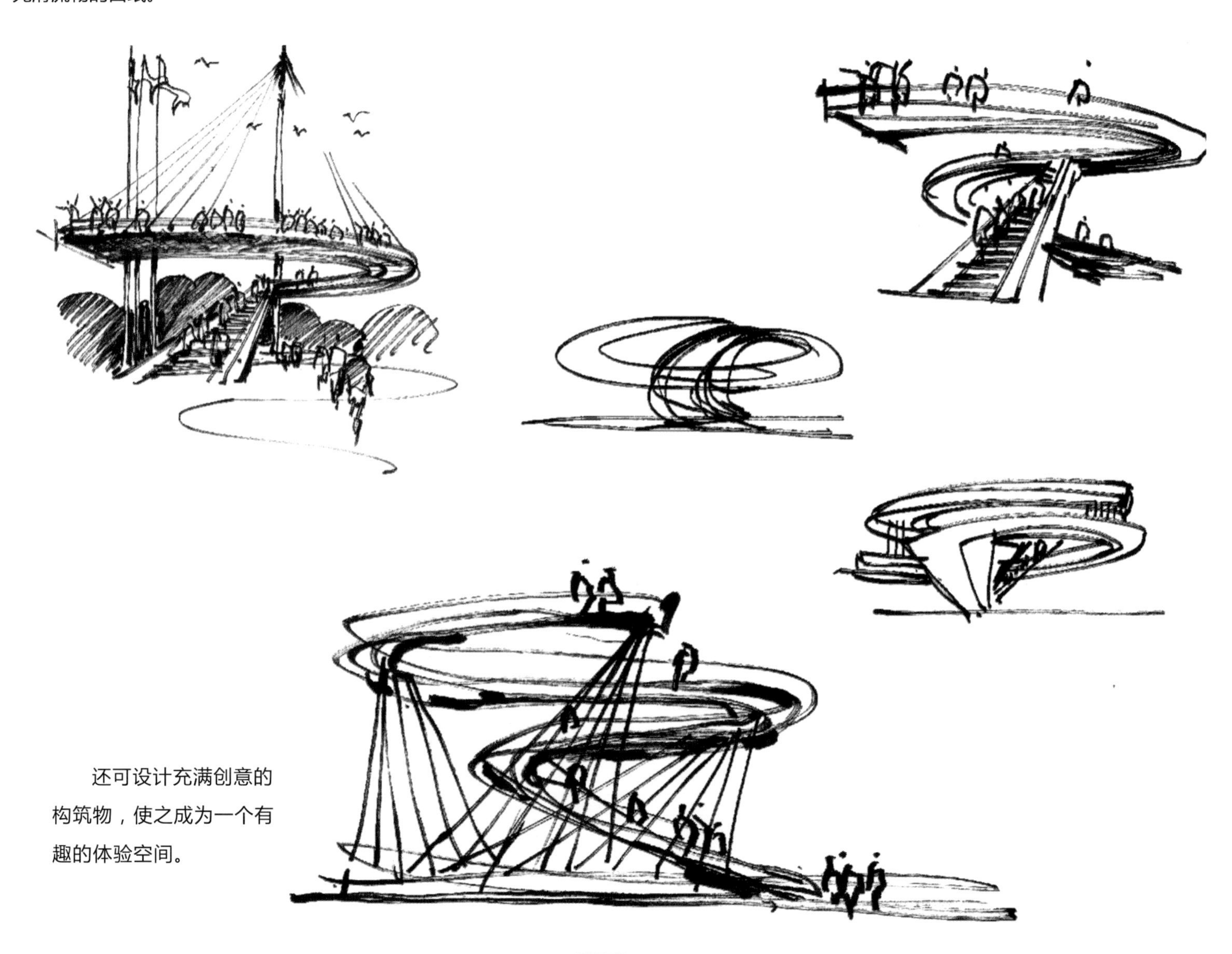

还可设计充满创意的构筑物，使之成为一个有趣的体验空间。

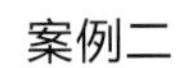

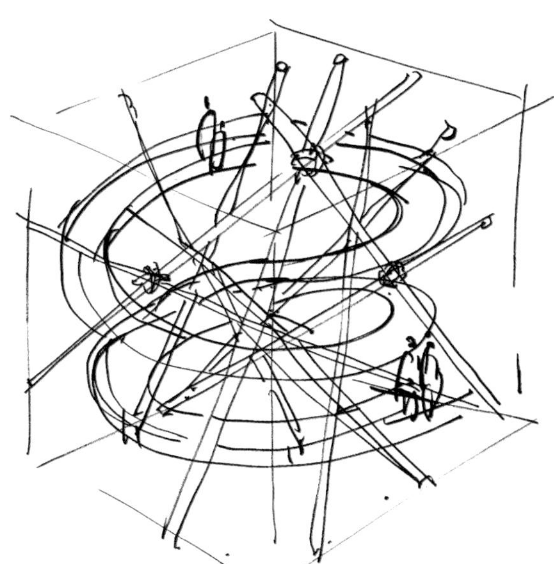

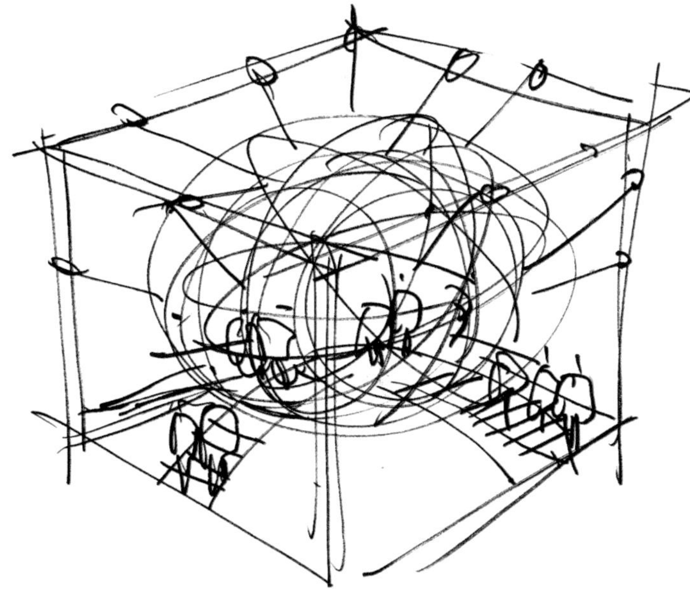

图中的设计源于游乐园的设备，只是将其提炼并转化成建筑构件和空间关系。在立方体里面进行空间重构，形成一个可以供人观赏的半封闭空间，且保留了牵索作为承受重力的结构。

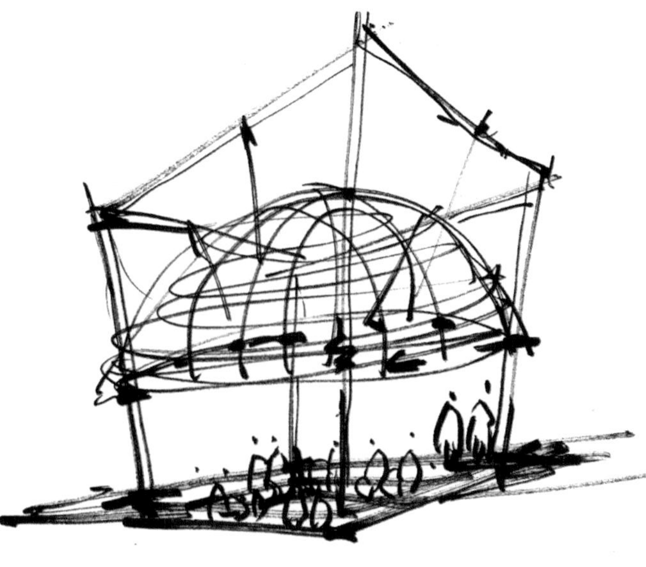

案例三

在方案构想阶段，可能漫不经心的一笔，最后会成为方案的经典之处，起到画龙点睛的作用。随手画出来的空间构架，往往效果超乎想象。

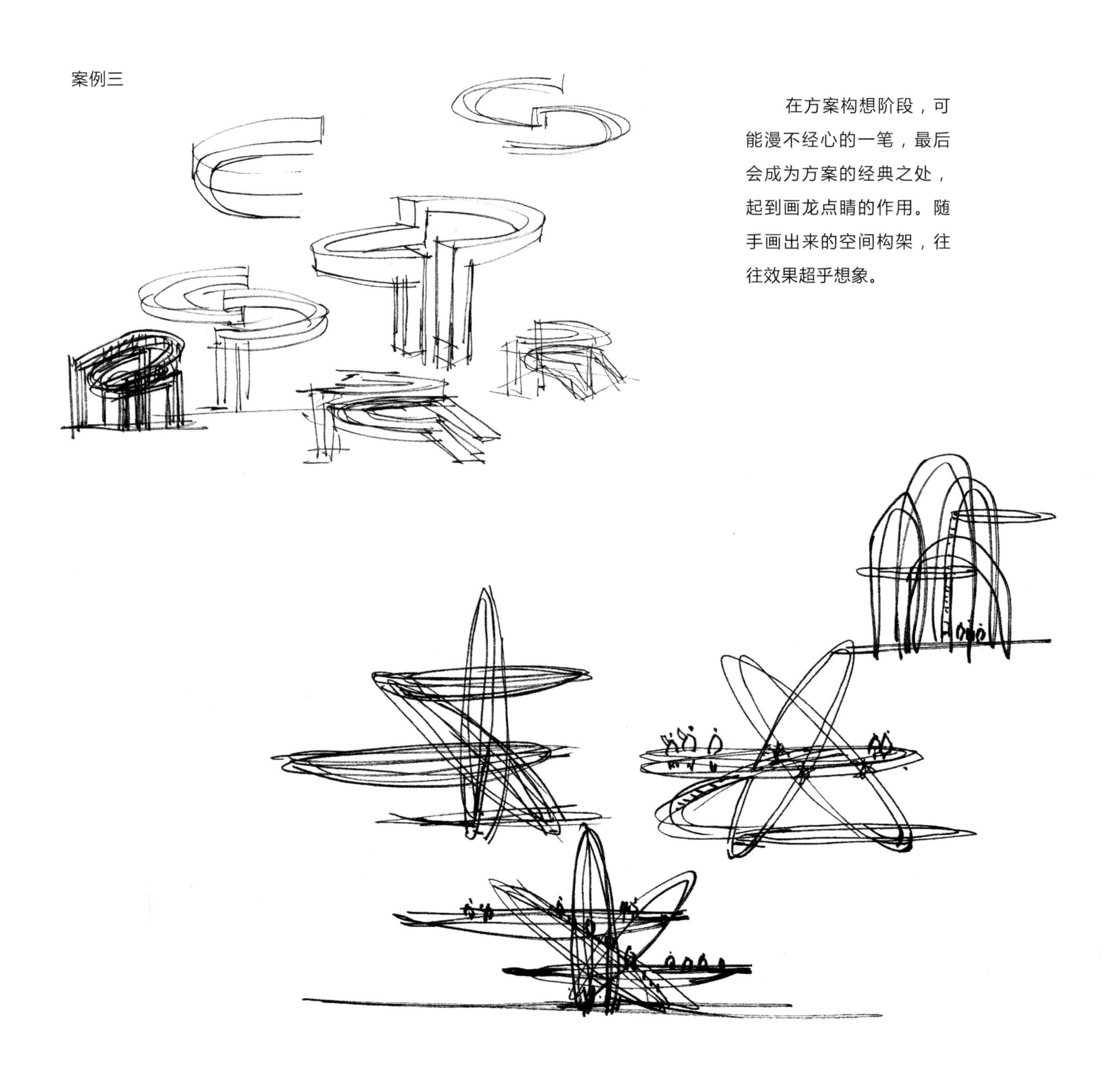

云中聚会

案例四

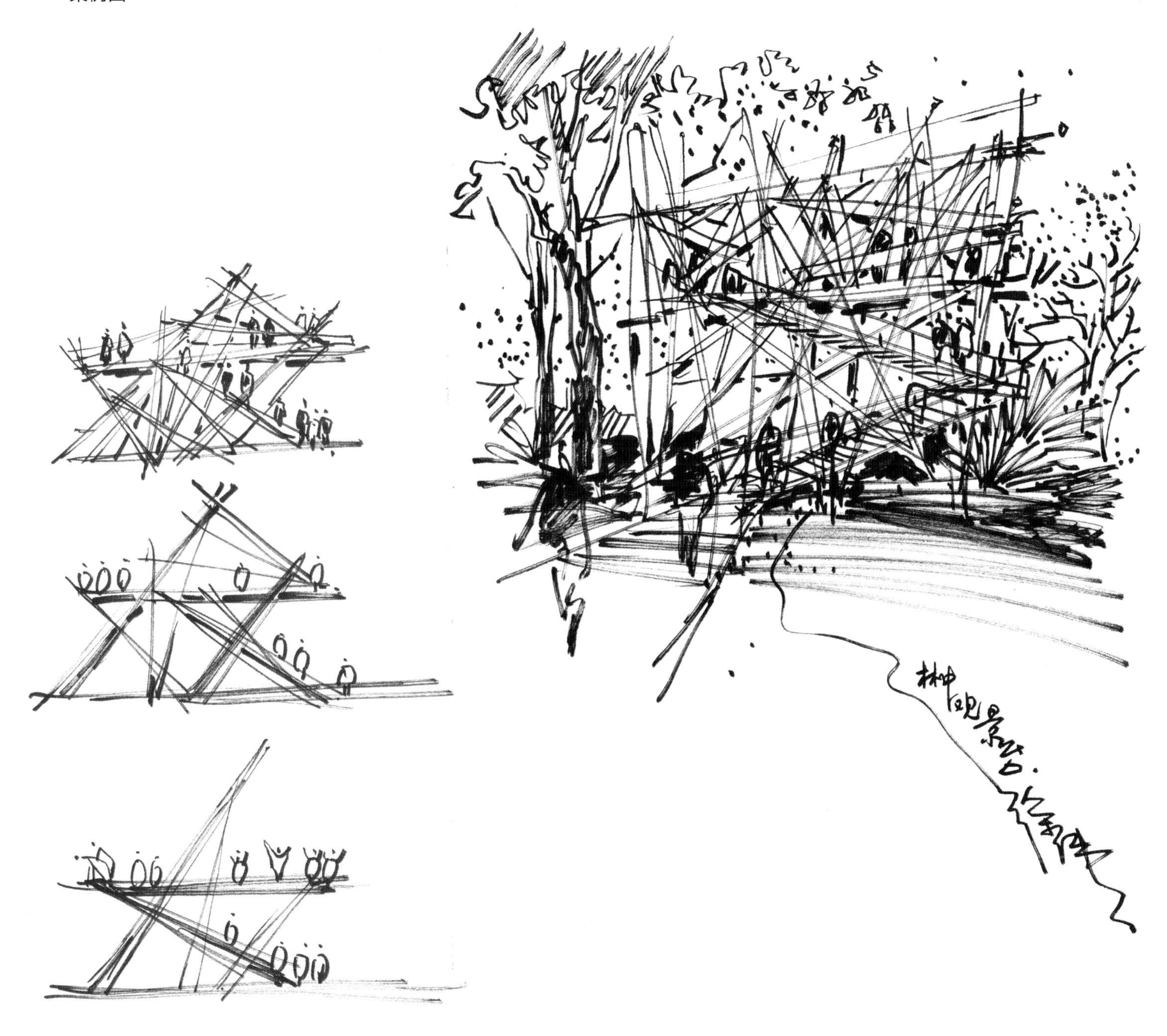

1.5.2 方案推演

案例一

由单纯的形态构成演变为建筑设计，可表现建筑形式的多样性。

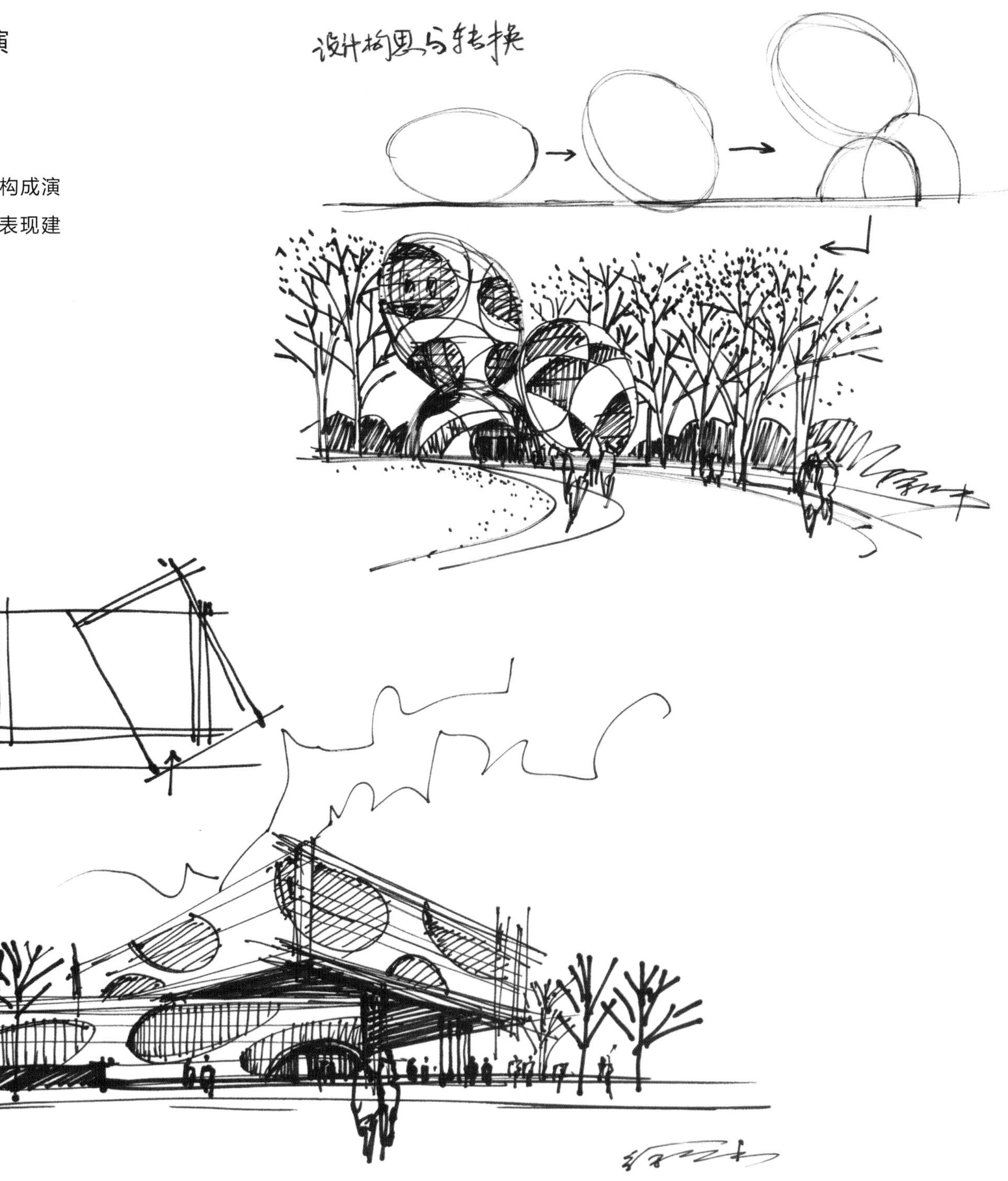

案例二

建筑设计需要创新，需要追求悬浮感或者与地面贴合的设计感。通过多种设计构思横向比较，择优深化。

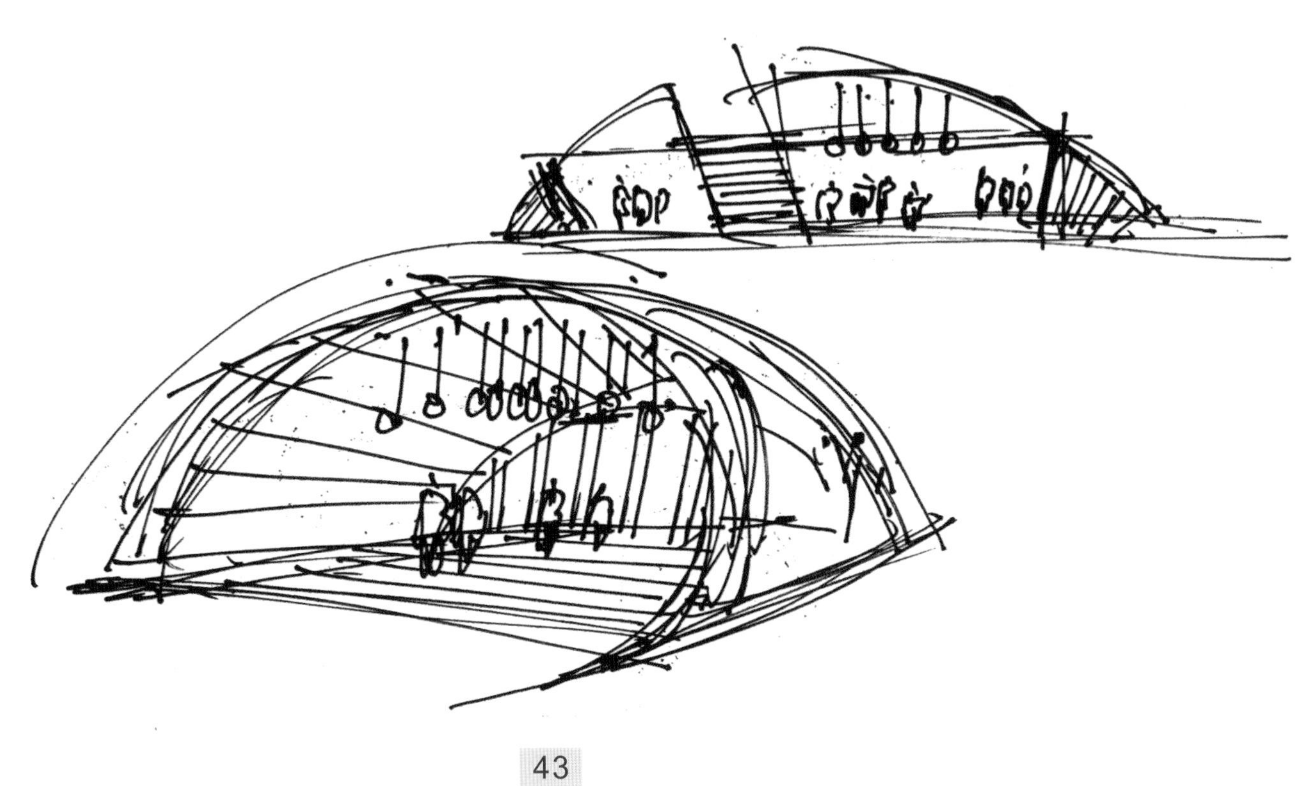

案例三

原生的竹子编织成休闲与交流的空间，藤蔓植物附生于伞状构成，将其与绿地融为一体。

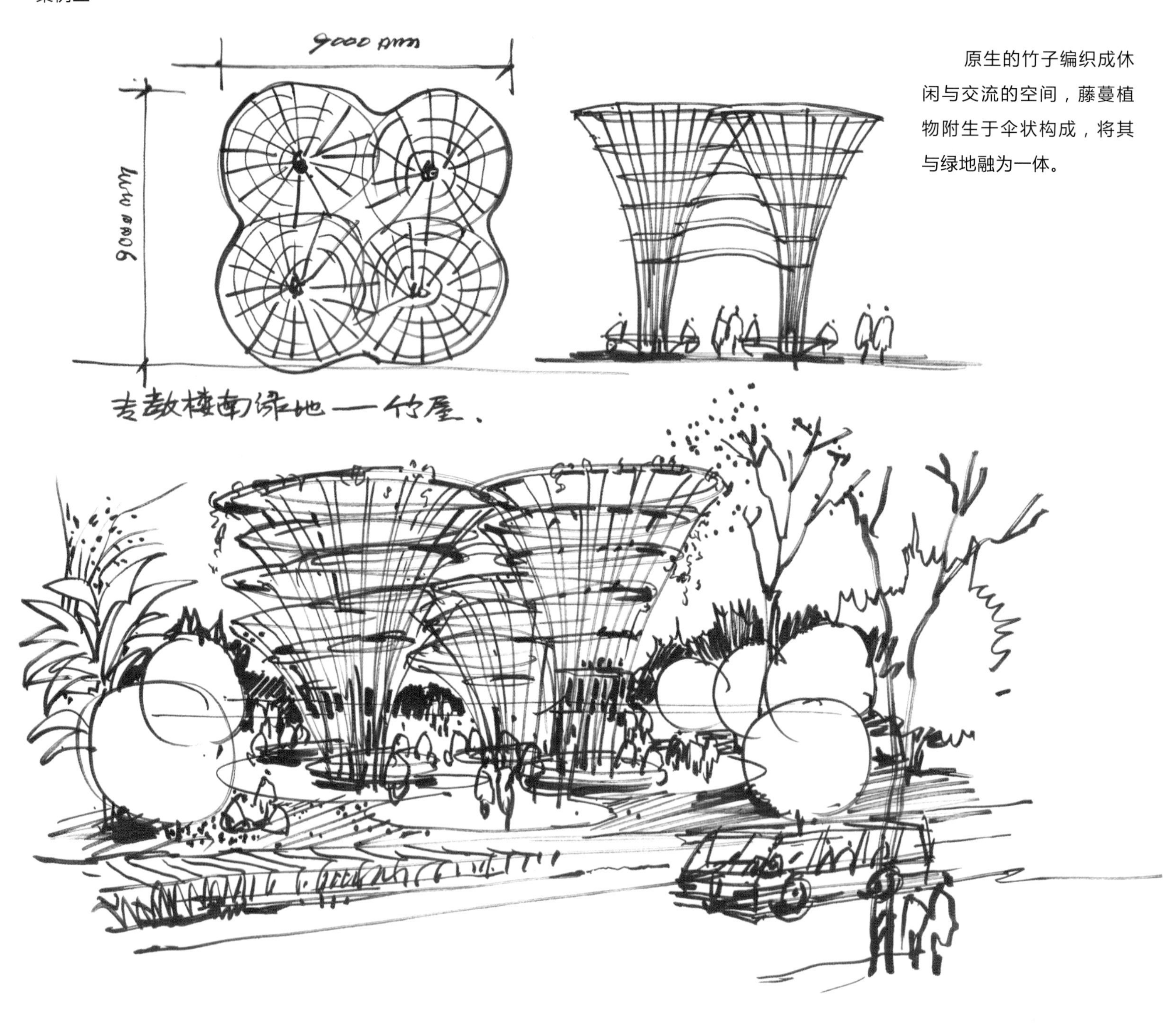

案例四

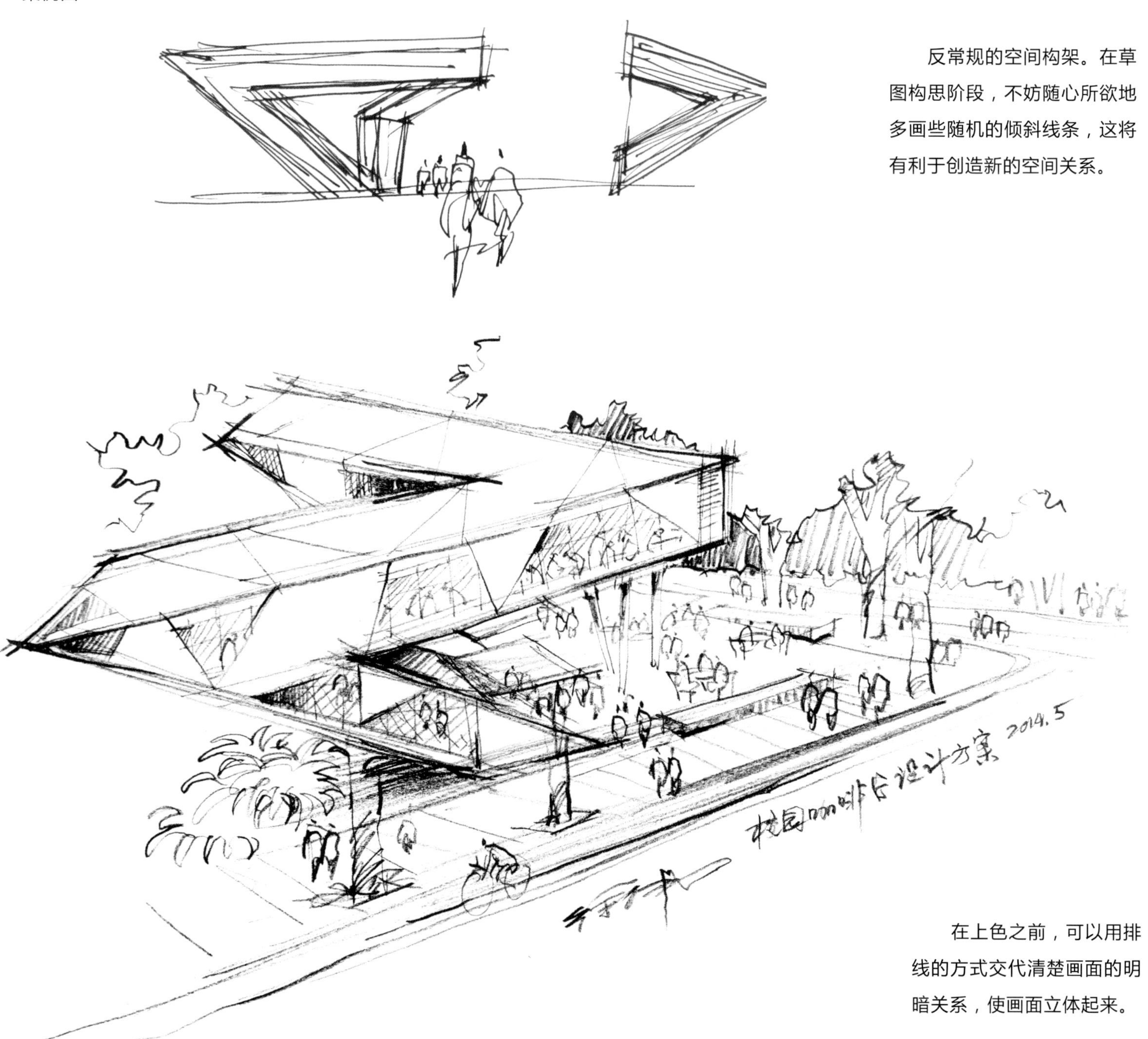

反常规的空间构架。在草图构思阶段，不妨随心所欲地多画些随机的倾斜线条，这将有利于创造新的空间关系。

在上色之前，可以用排线的方式交代清楚画面的明暗关系，使画面立体起来。

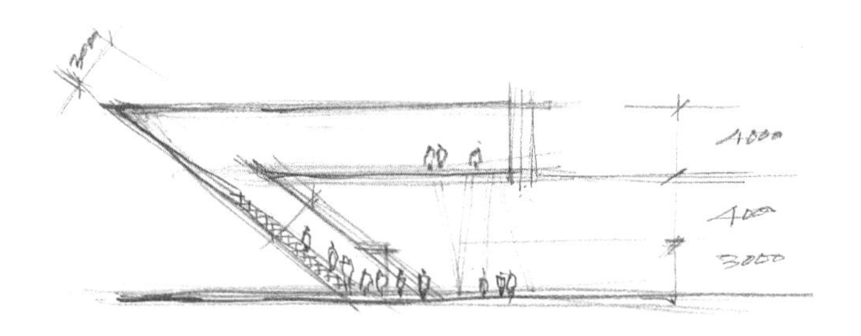

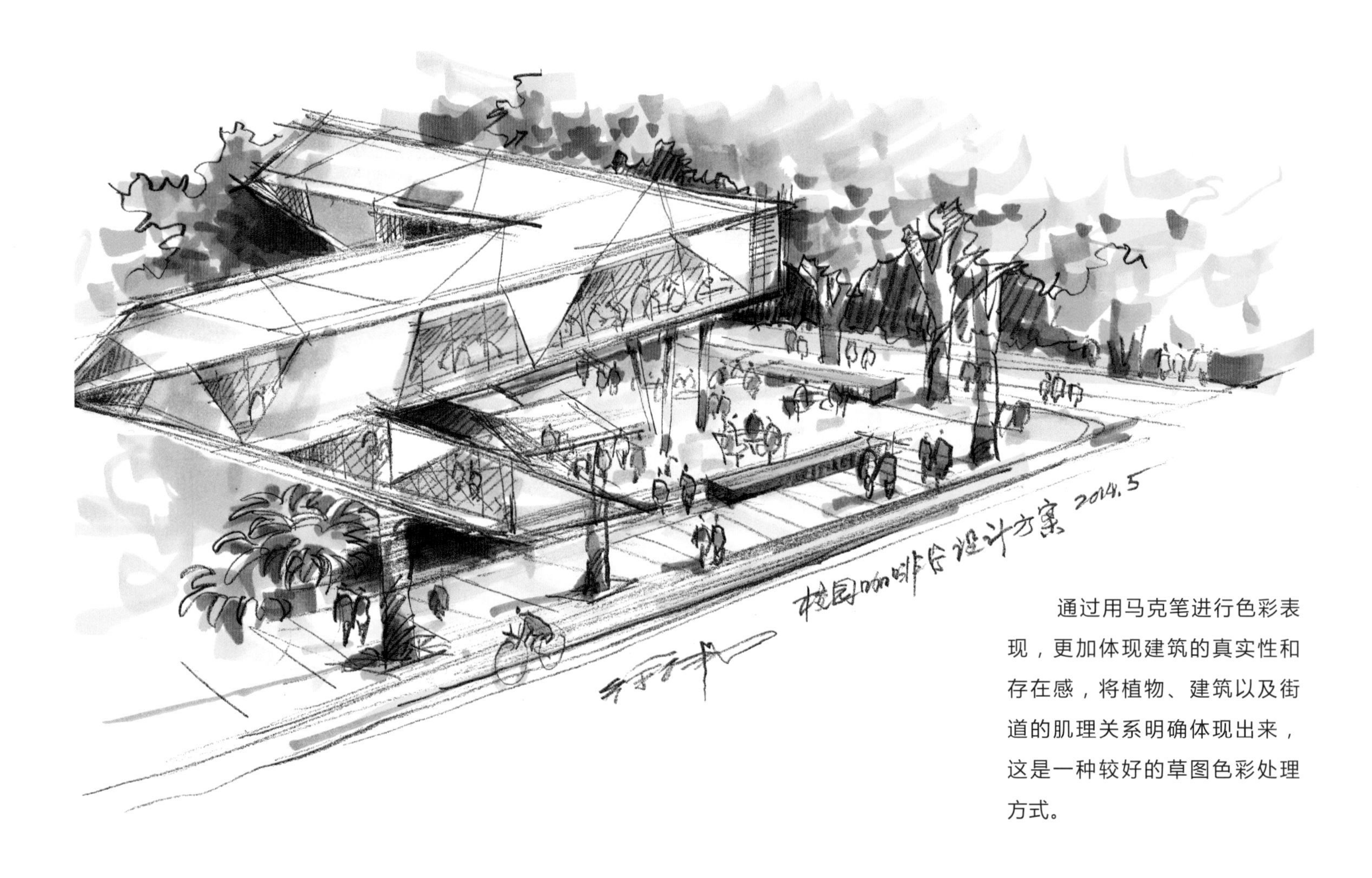

通过用马克笔进行色彩表现，更加体现建筑的真实性和存在感，将植物、建筑以及街道的肌理关系明确体现出来，这是一种较好的草图色彩处理方式。

案例五

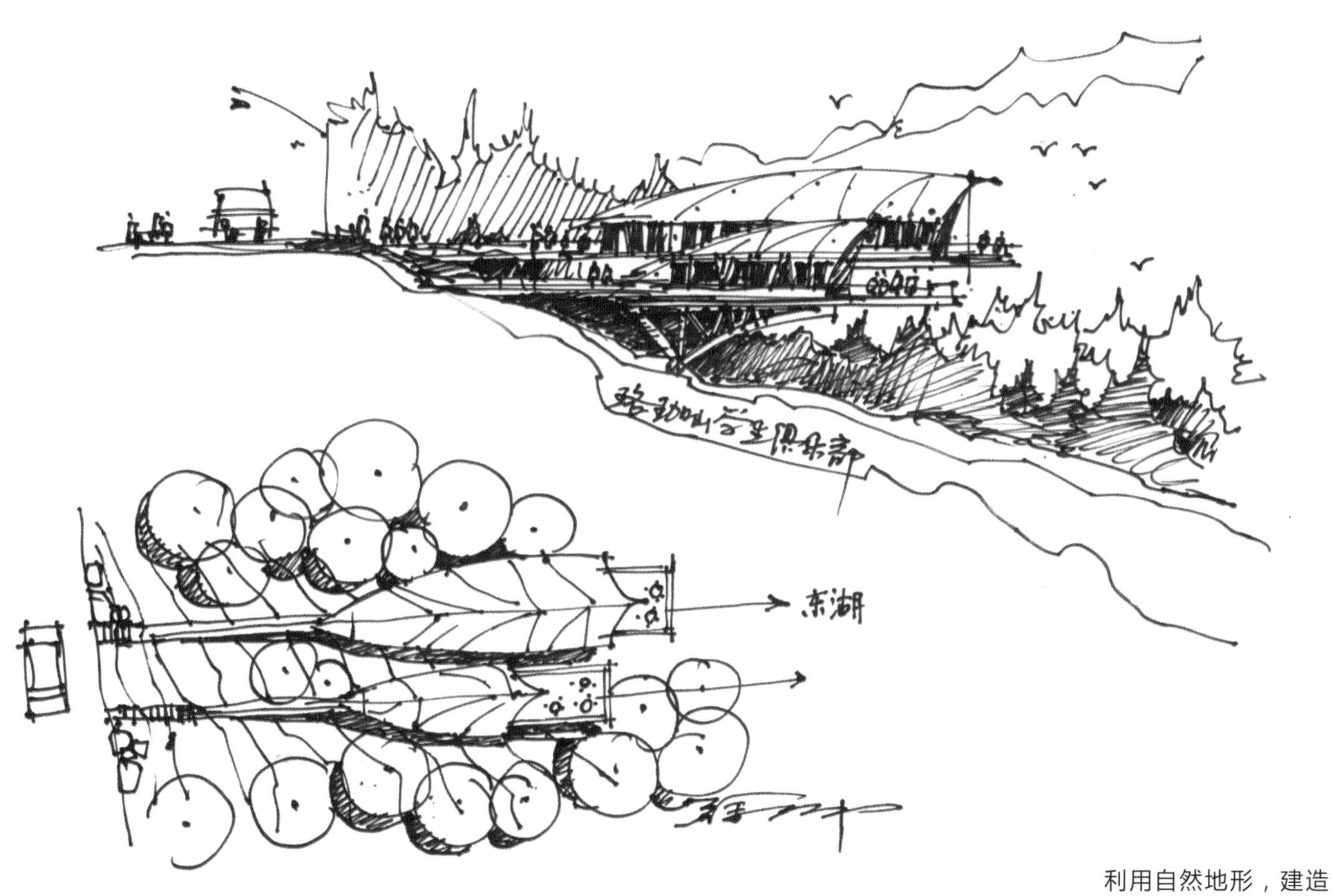

利用自然地形，建造环境友好型建筑。建筑本身不与山体产生直接联系，从而保护山体原有植被不受影响。

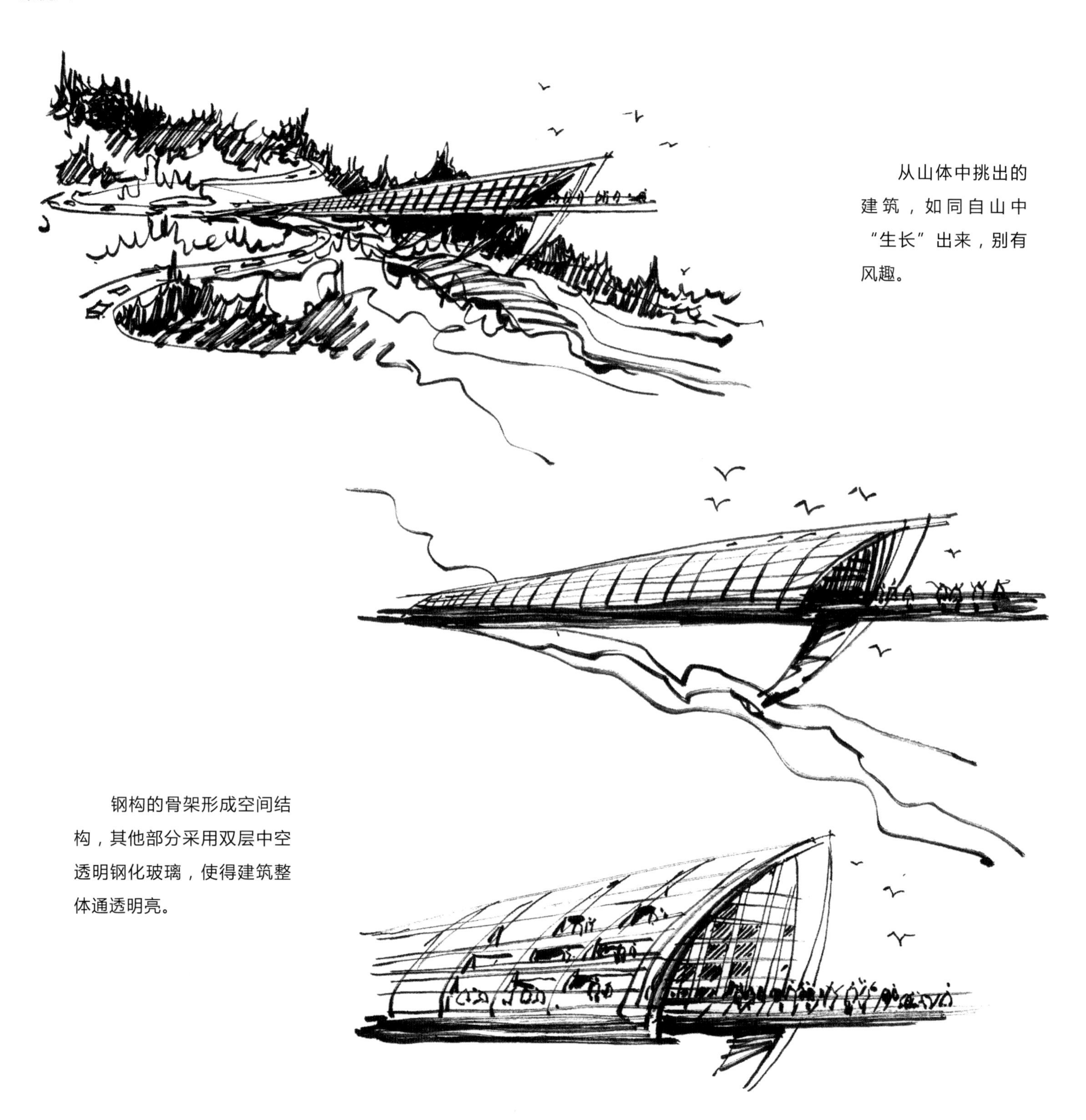

从山体中挑出的建筑，如同自山中“生长”出来，别有风趣。

钢构的骨架形成空间结构，其他部分采用双层中空透明钢化玻璃，使得建筑整体通透明亮。

案例七

灵活运用线条的排列烘托主体建筑的体积感，分出画面近中远的景观层次，尤其是植物的绘制要注意远近虚实的处理手法，通过人物的衬托，增加场面的感染力。

相同形式的建筑形体，在笔尖与大脑的融合下，通过建筑外观的改变，结合配景、背景的烘托，建筑给人以全新的质感、体块感。

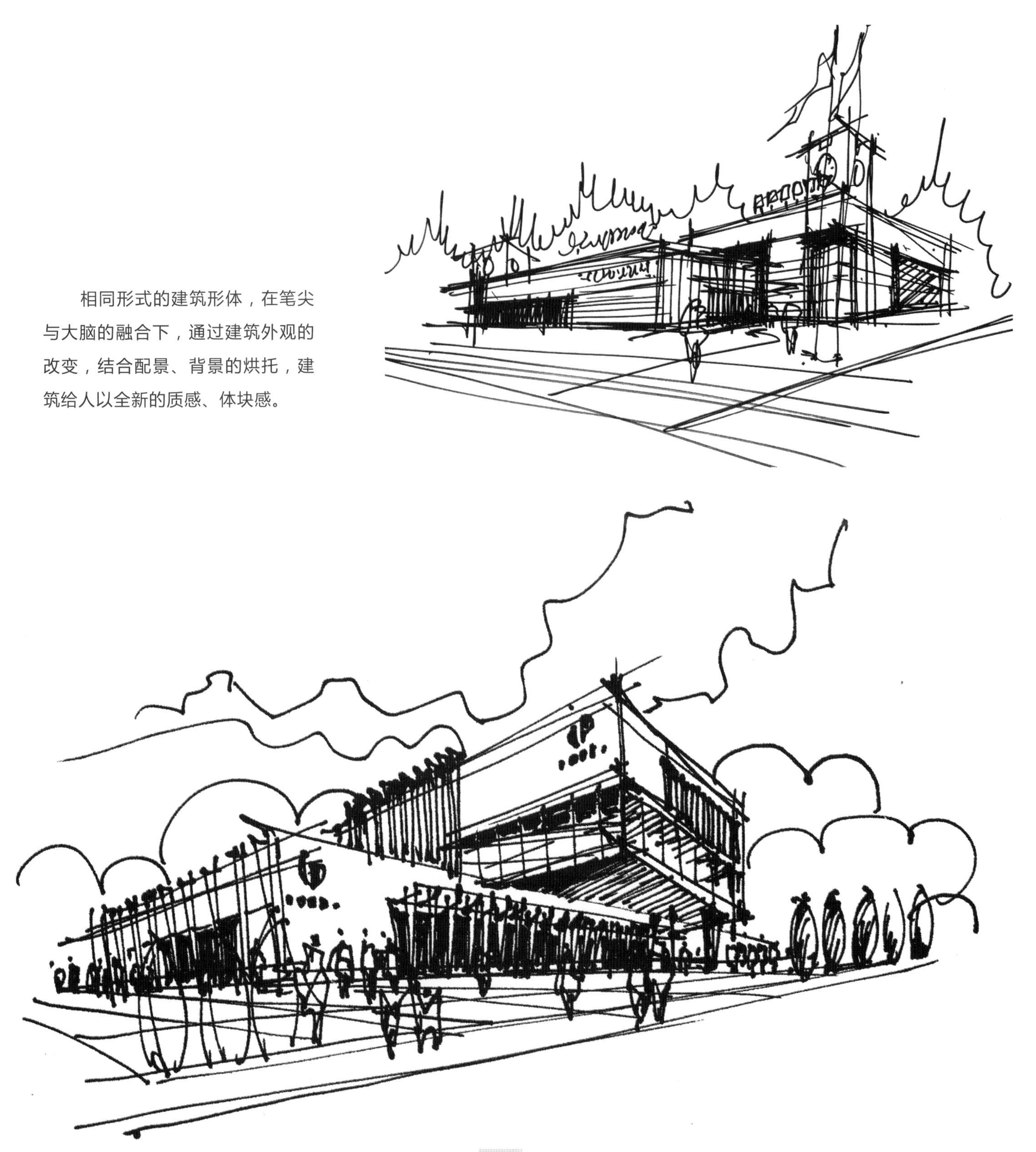

案例八

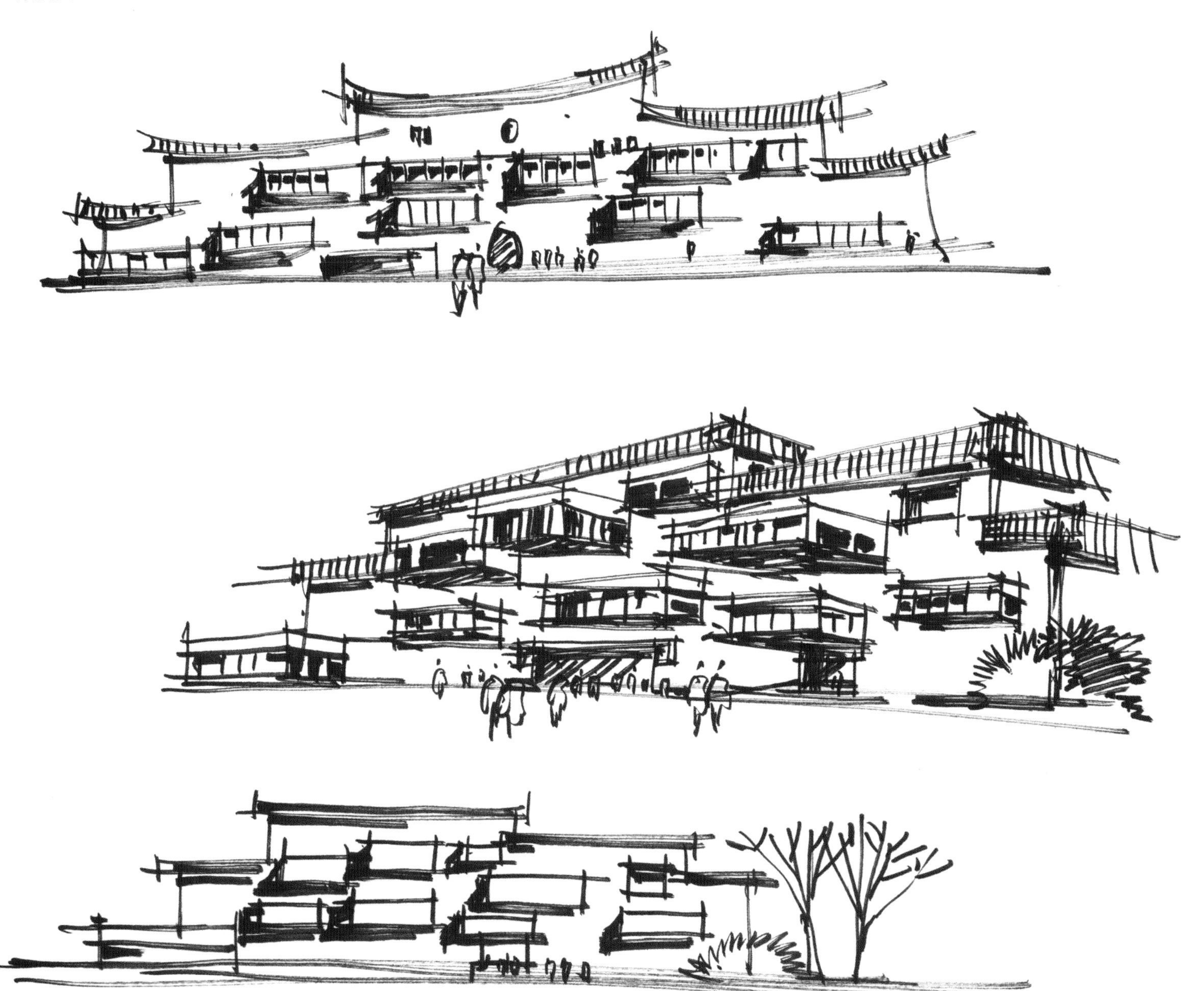

在建筑立面设计中，可以从源远流长的中国古典园林中提取元素，同时结合现代玻璃、钢构架等材料，展现“新中式建筑”的魅力。

设计中，把单一的墙面进行拉伸，使其具有厚度，形成建筑的主体，然后在建筑立面“延伸”出来多个阳台，长短不一，错落有致。在白天阳光的照耀下，光影错落斑驳，十分具有观赏效果。

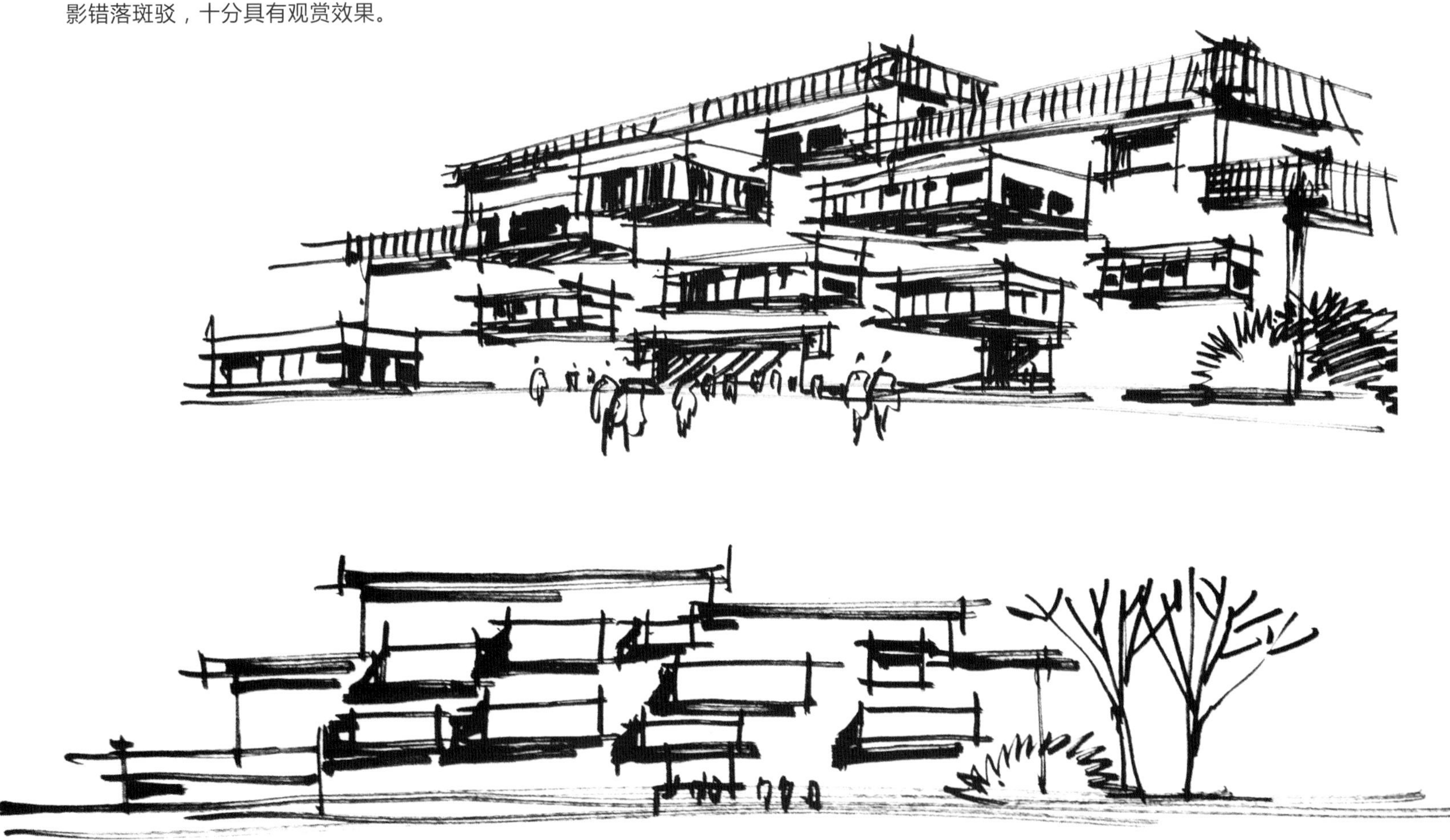

案例九

构思草图的关键在于设计的本身与线条的流畅性。草图本身不需要很精细，技巧高的草图，运用很少的线条就可以将设计语言表达出来。人物的配合可以直观地将空间尺寸以及气氛处理体现出来。不同建筑体块形态的组合，形成多变的建筑空间。

1.6 优秀线稿

1.6.1 平面图

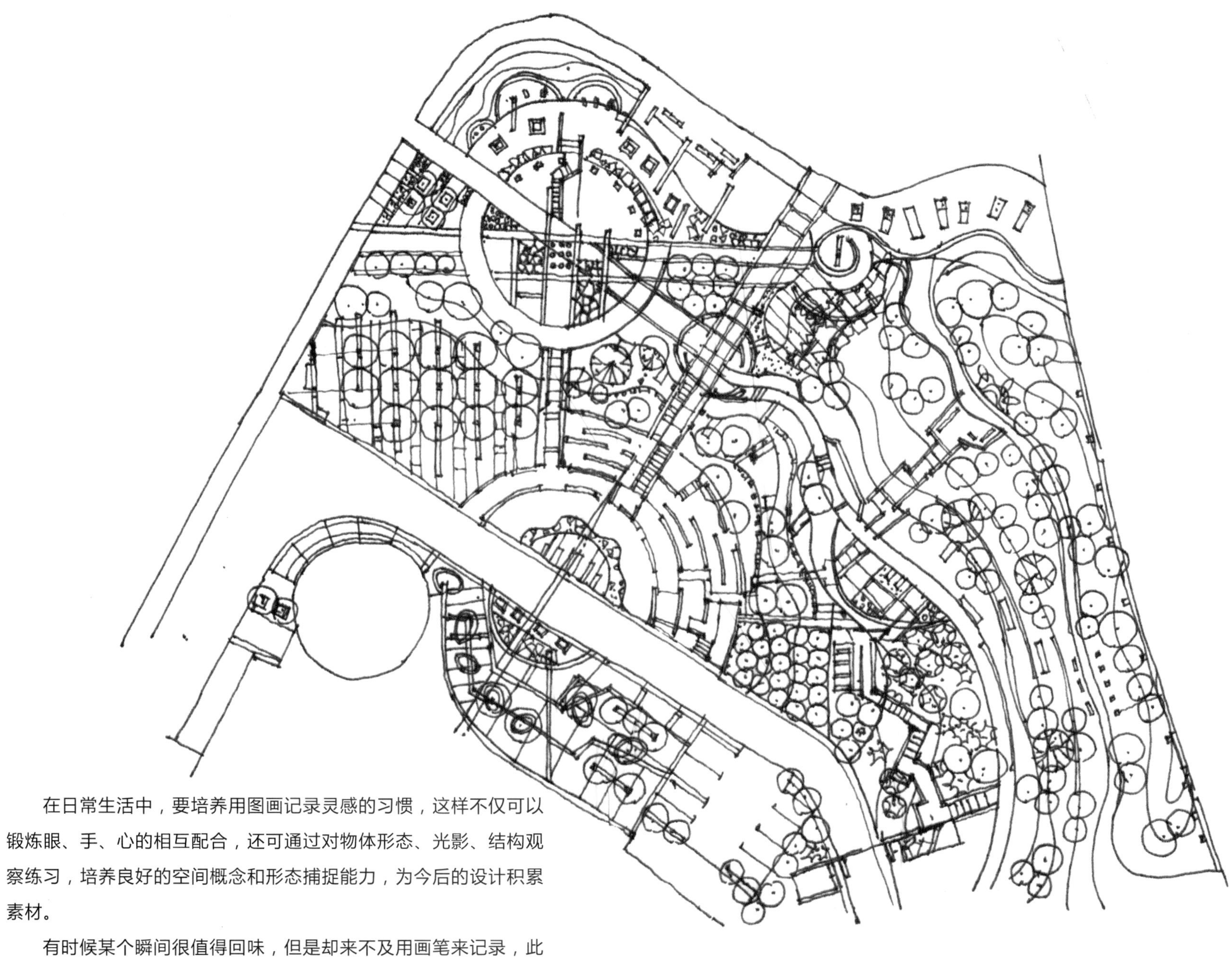

在日常生活中，要培养用图画记录灵感的习惯，这样不仅可以锻炼眼、手、心的相互配合，还可通过对物体形态、光影、结构观察练习，培养良好的空间概念和形态捕捉能力，为今后的设计积累素材。

有时候某个瞬间很值得回味，但是却来不及用画笔来记录，此时，我们可以借助手中的相机将其捕捉下来，然后再进行理性的分析，提取其中的关键元素，用画笔进行二次描绘。

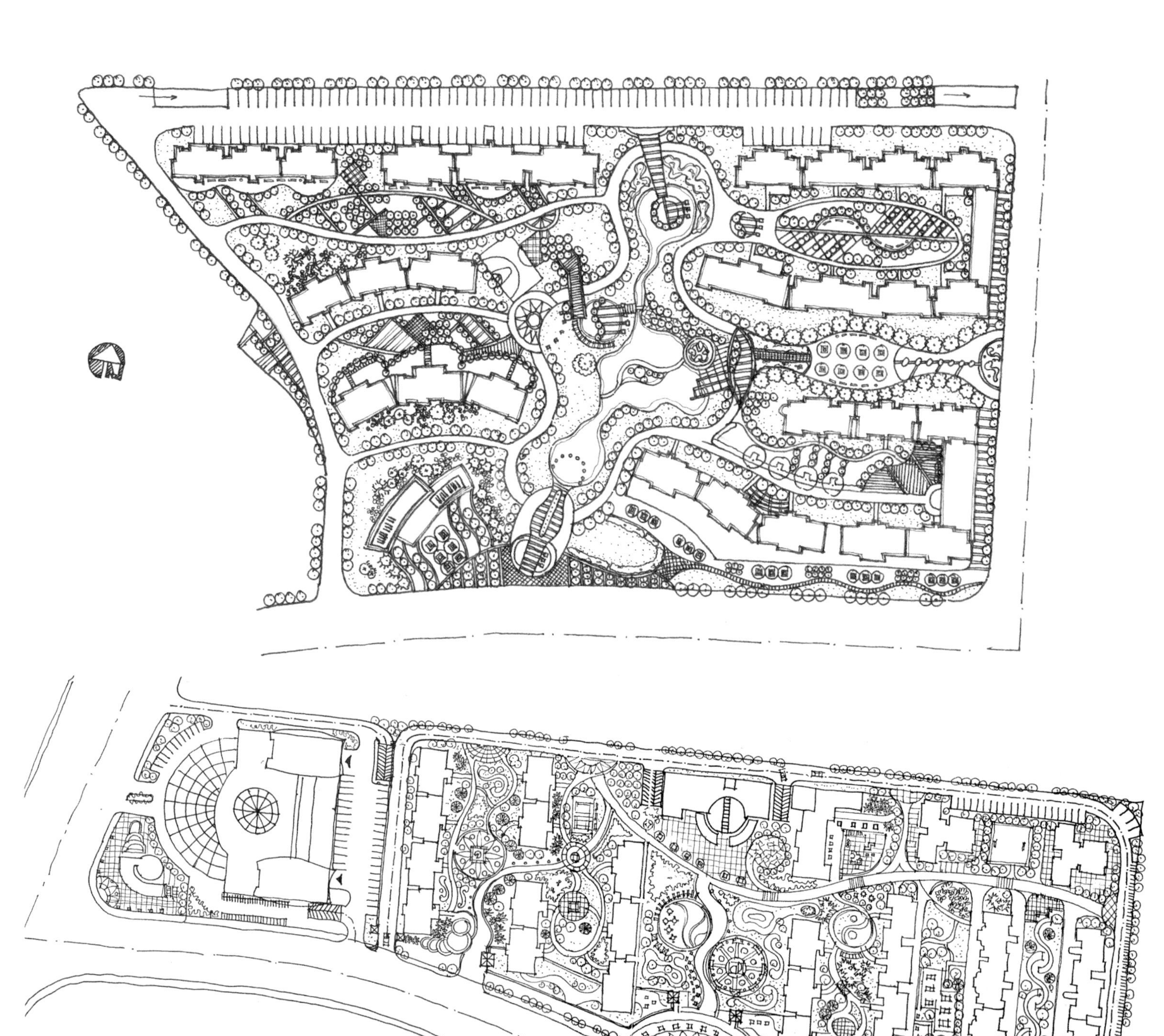

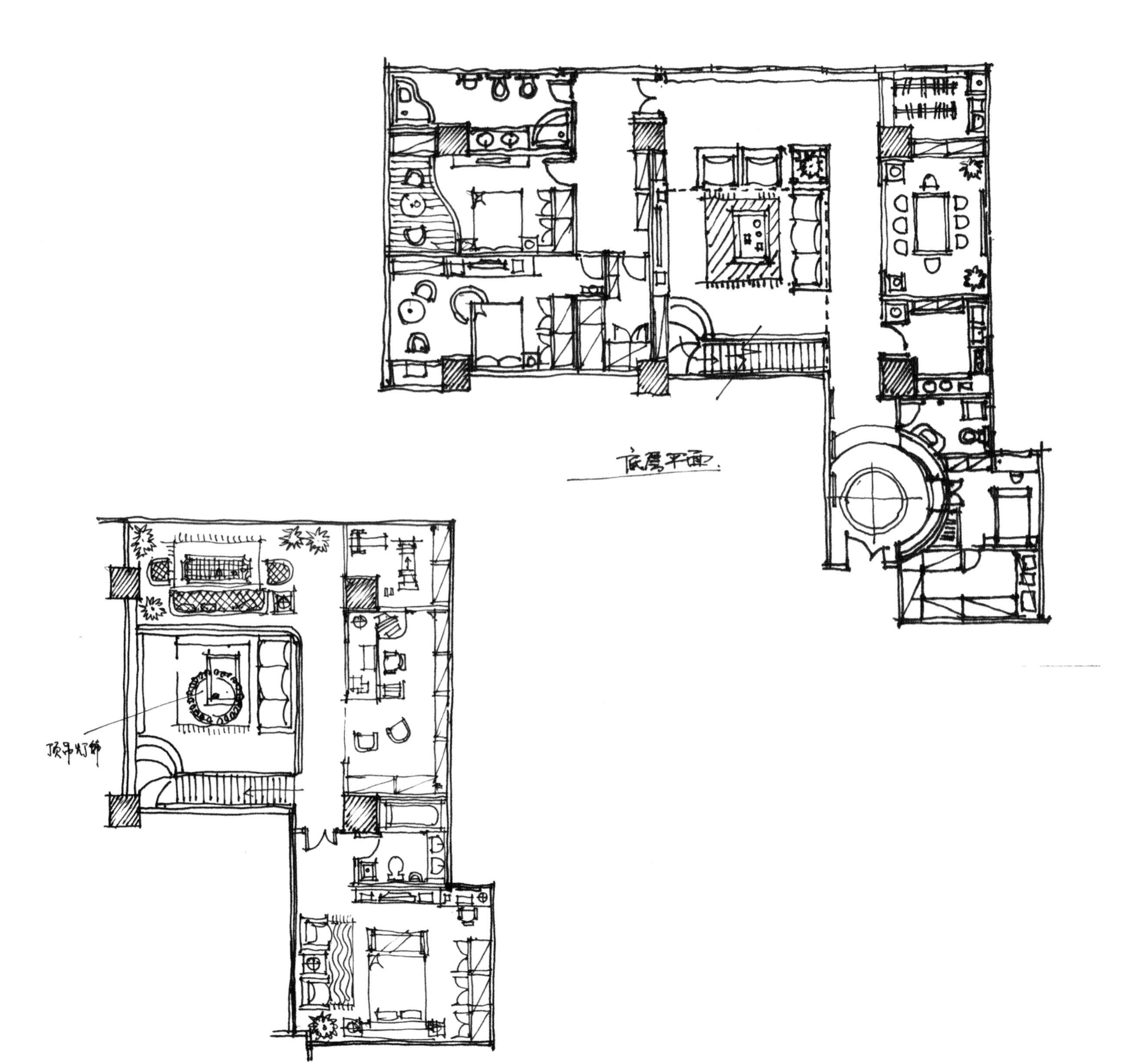
底層平面
顶吊灯饰

1.6.2 效果图

1.6.3 鸟瞰图

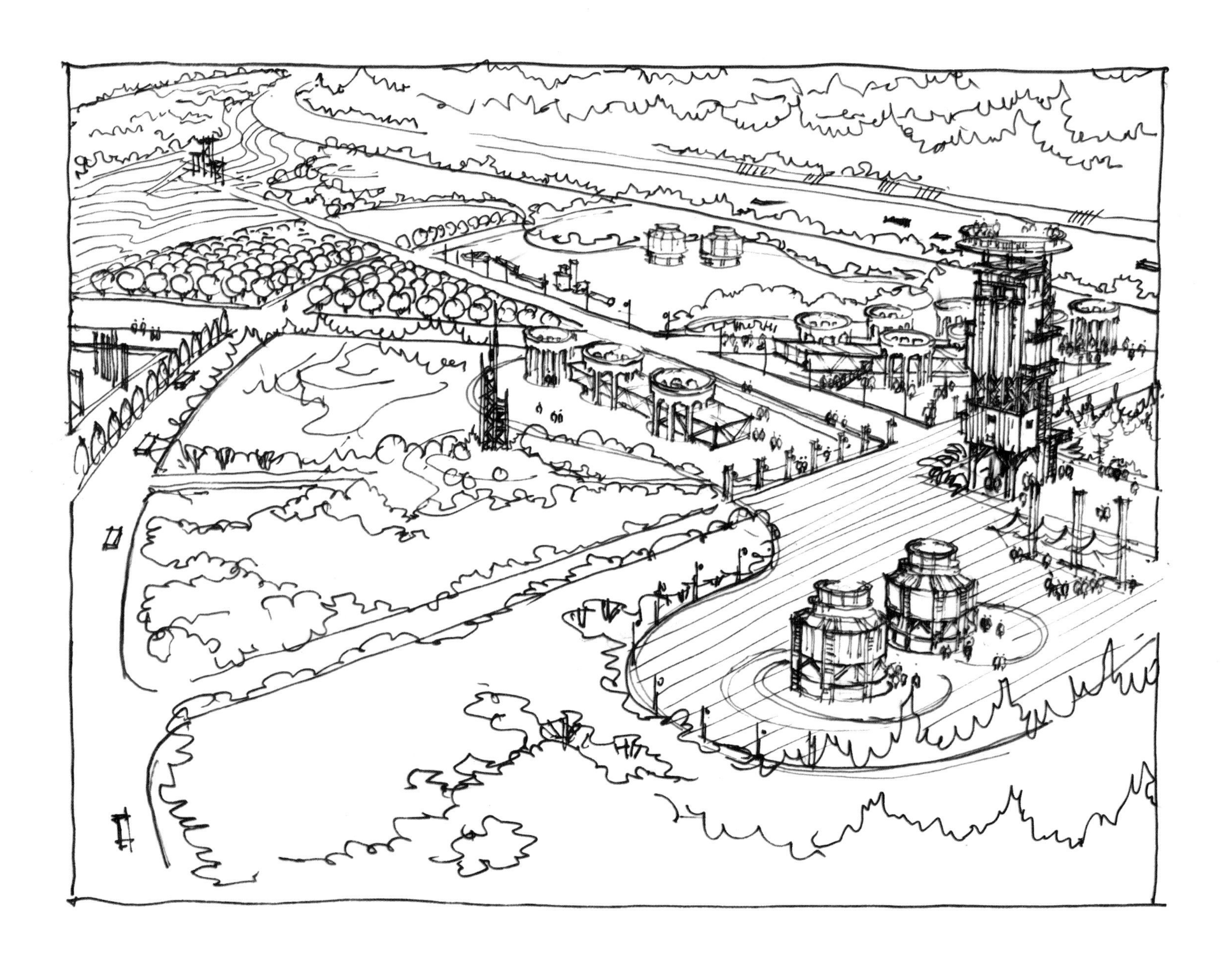

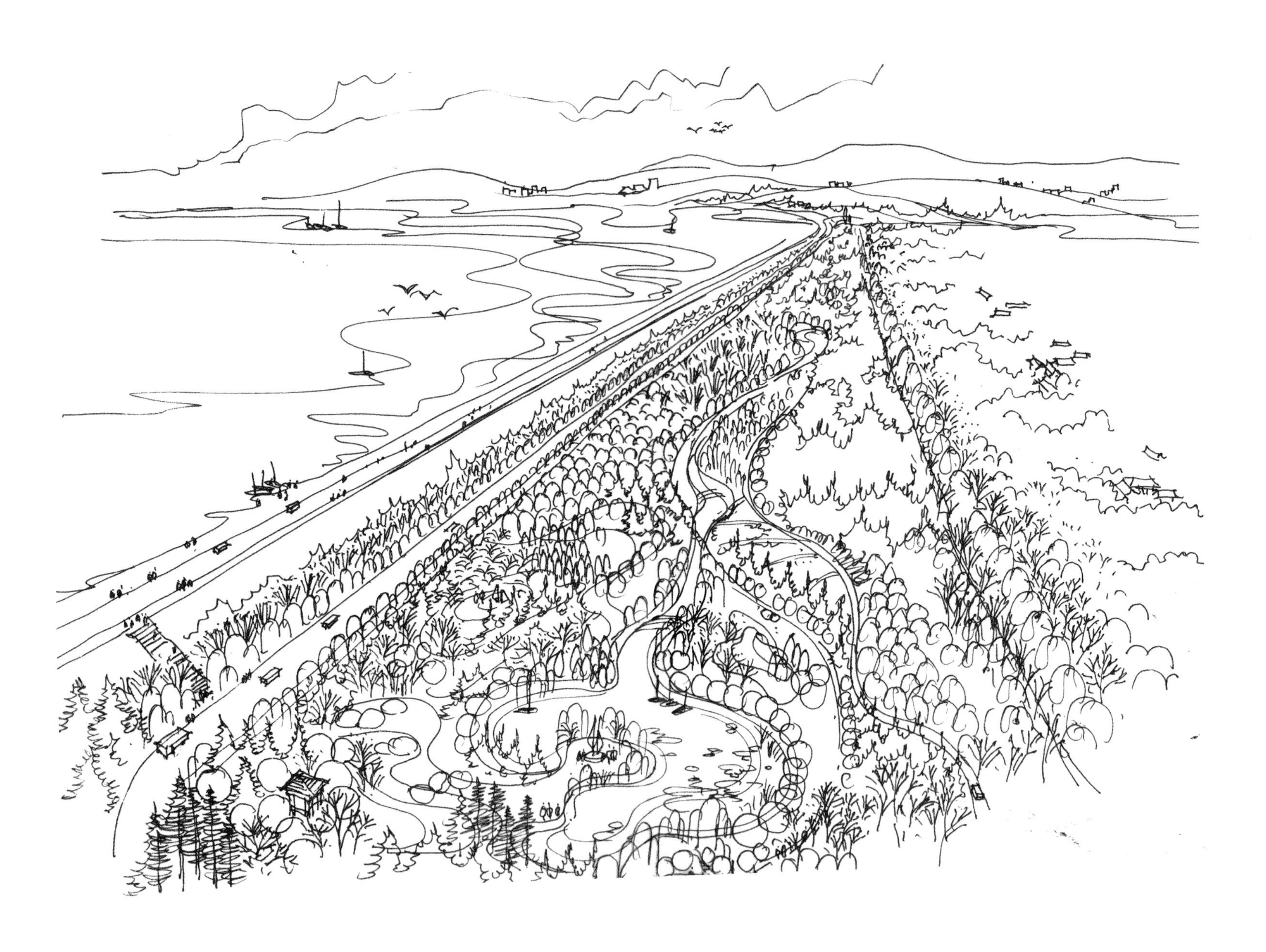

2

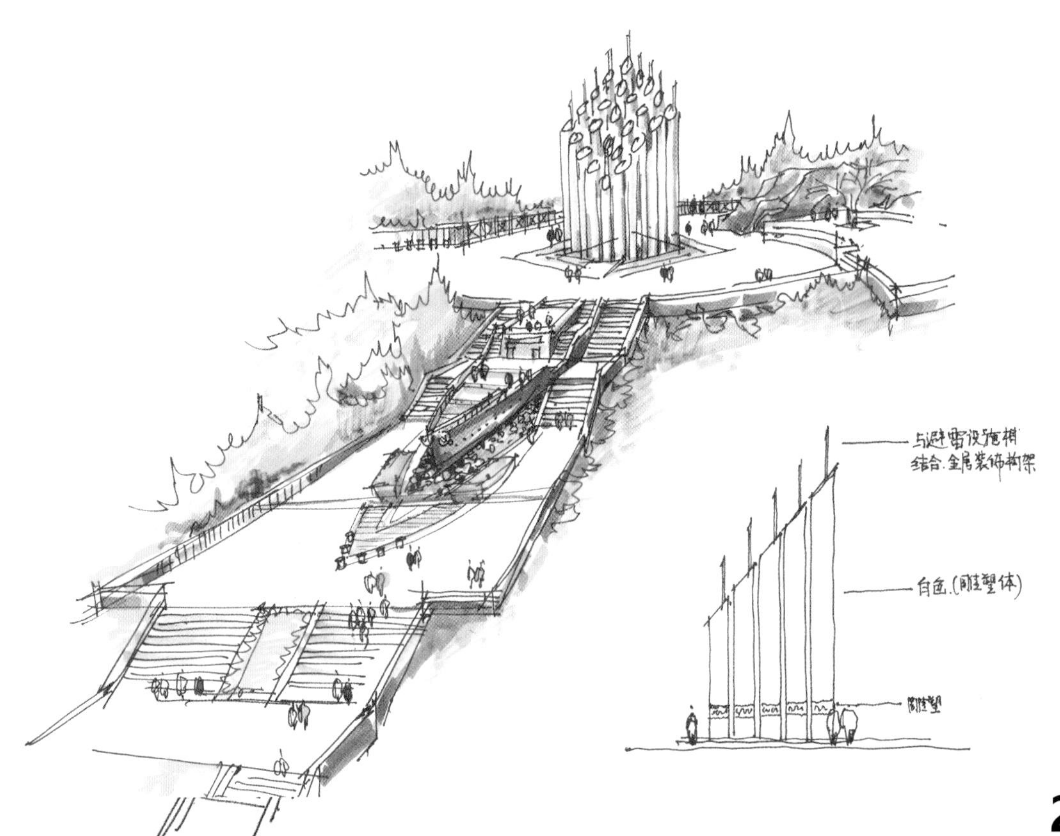

2 进阶篇

本部分为进阶篇，主要介绍如何对线稿进行上色。

在完成了基础的手绘练习与素材积累之后，设计者已经具备了初步的手绘能力，可以画出能够表达设计想法的图纸。在这一阶段，手绘线稿可以表现一定的黑白灰关系，但想要图纸具有更强大的表现力，则需要丰富得当的色彩来辅助。

如果说线稿是手绘的骨骼，那么颜色就是手绘的皮肉，二者相辅相成，才能使得图纸更加具有生命力。

2.1 上色步骤

案例一

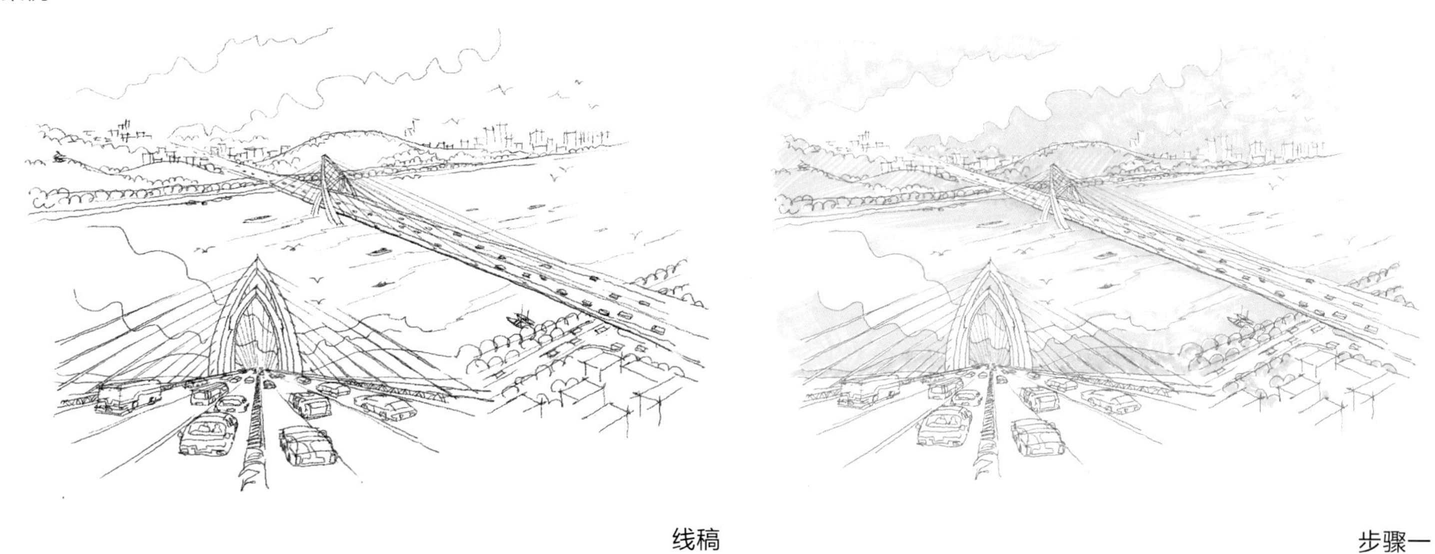

线稿　　步骤一

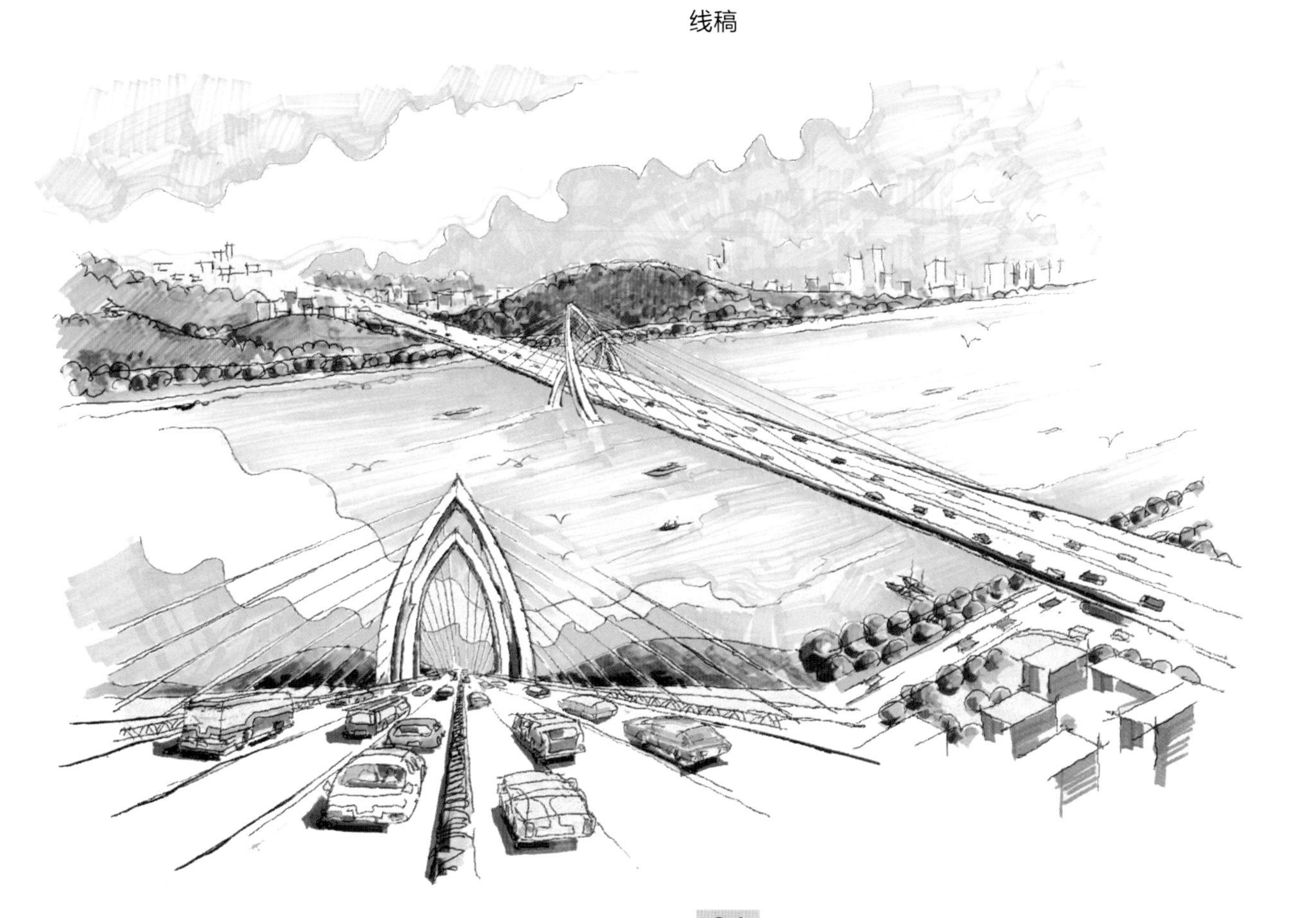

步骤二

案例二

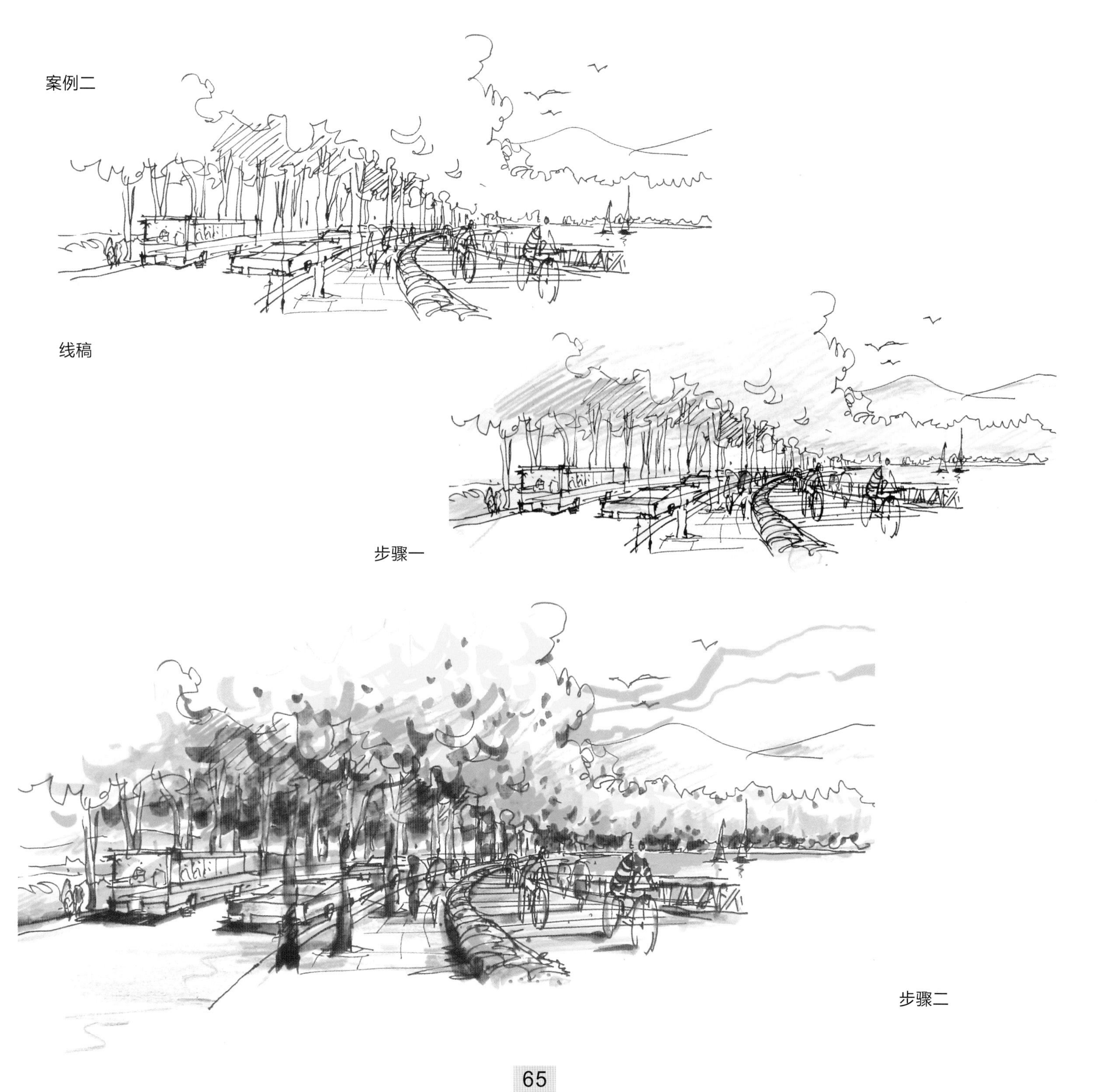

线稿

步骤一

步骤二

案例三

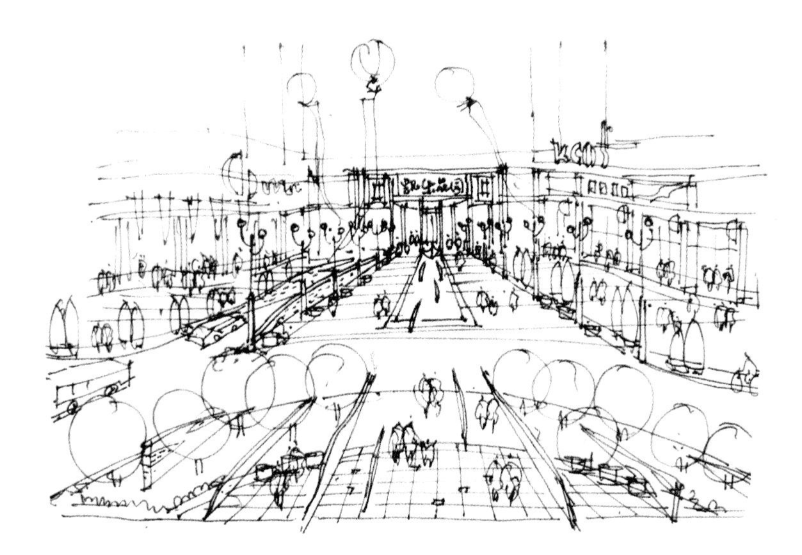

线稿

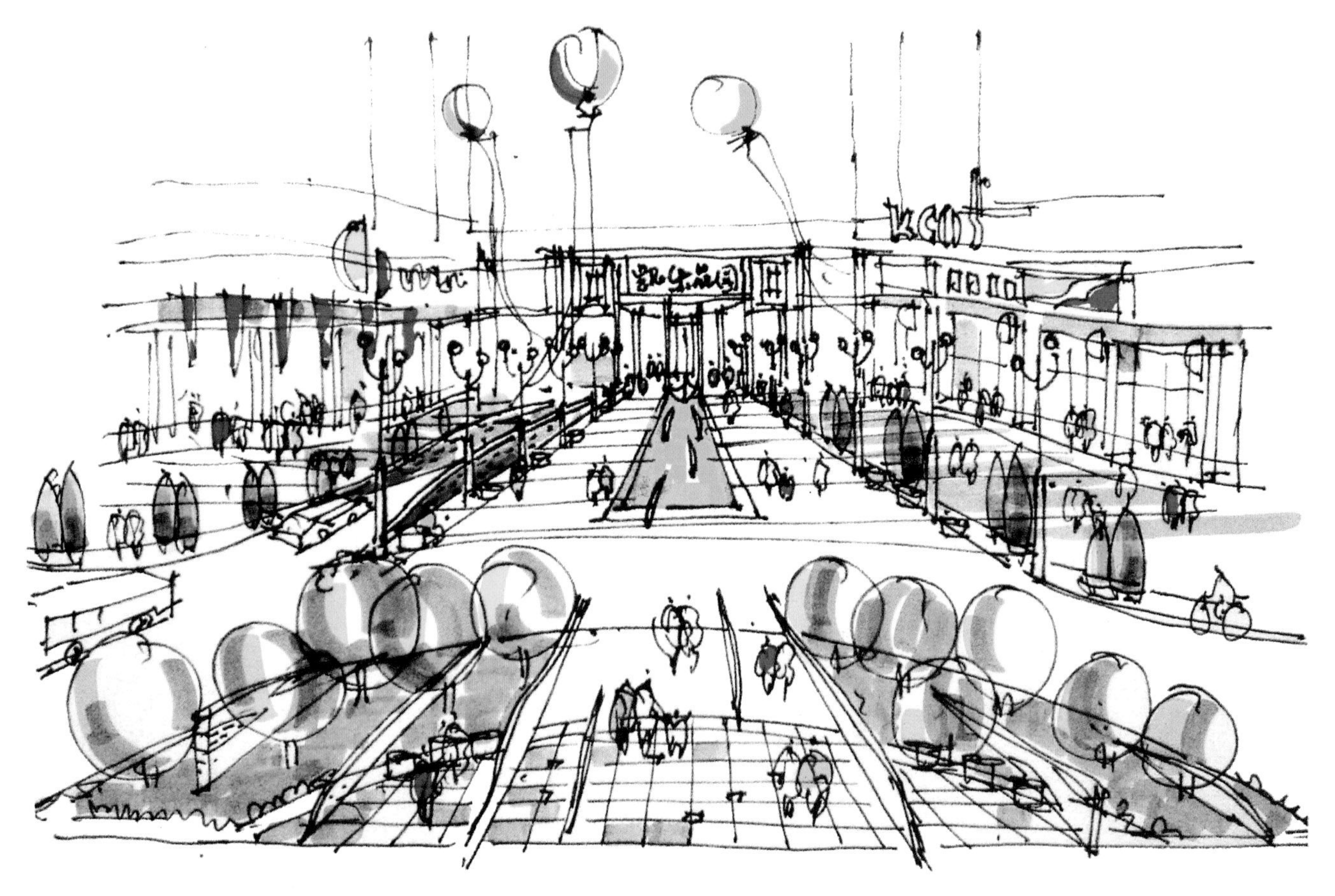

步骤一

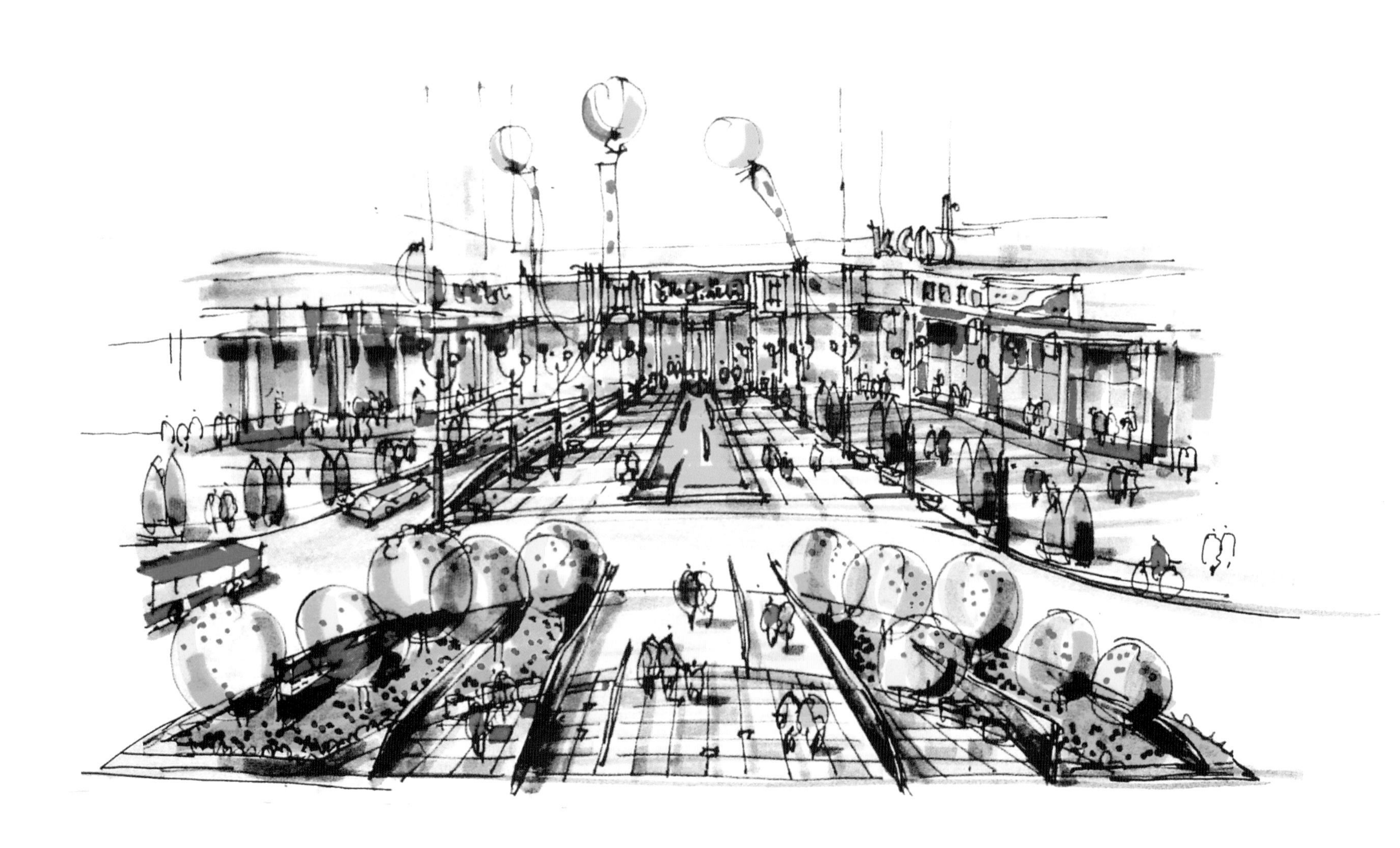

步骤二

案例四

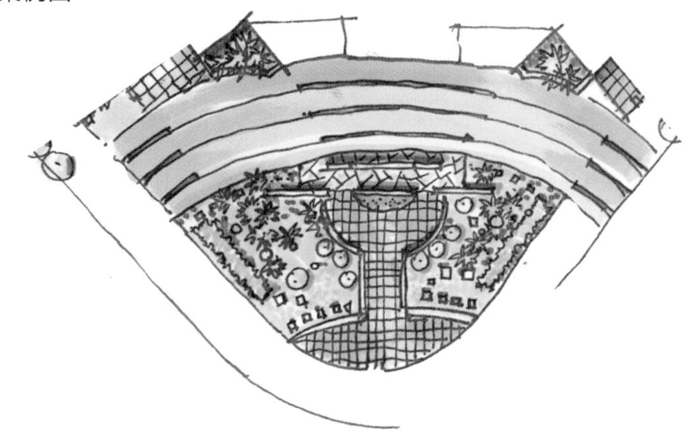

平面图

入口广场

商业入口广场，分析人流线路，划分软、硬铺装，通过对平面、透视的推敲，设计景观小品和植物配置。

线稿

第一步：植被着色

第二步：深化调整，突出质感和空间效果

2.2 上色对比

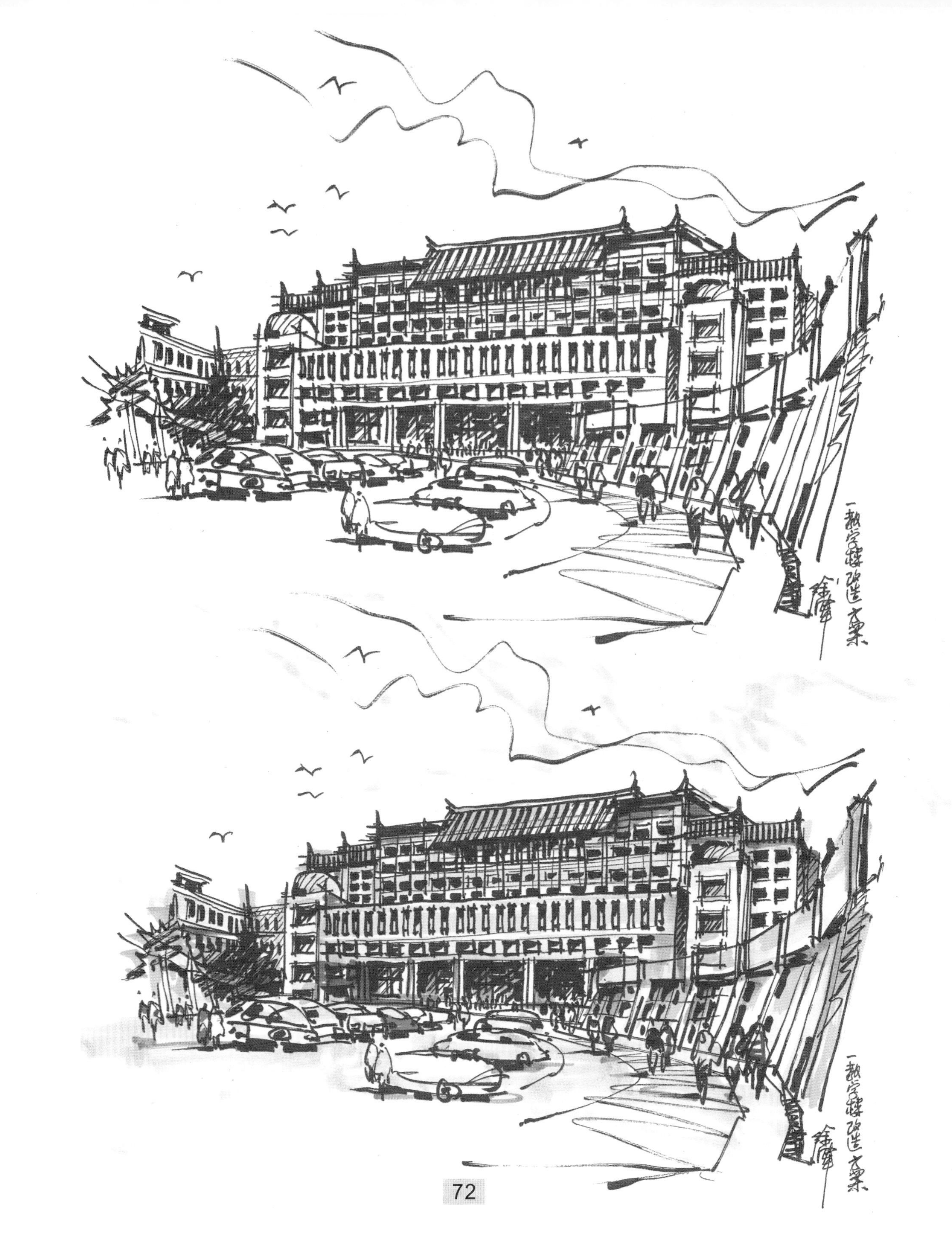
一教学楼改造方案
一教学楼改造方案

武大医学部一教楼改造方案
2014.6.27.
武大医学部一教楼改造方案
2014.6.27.

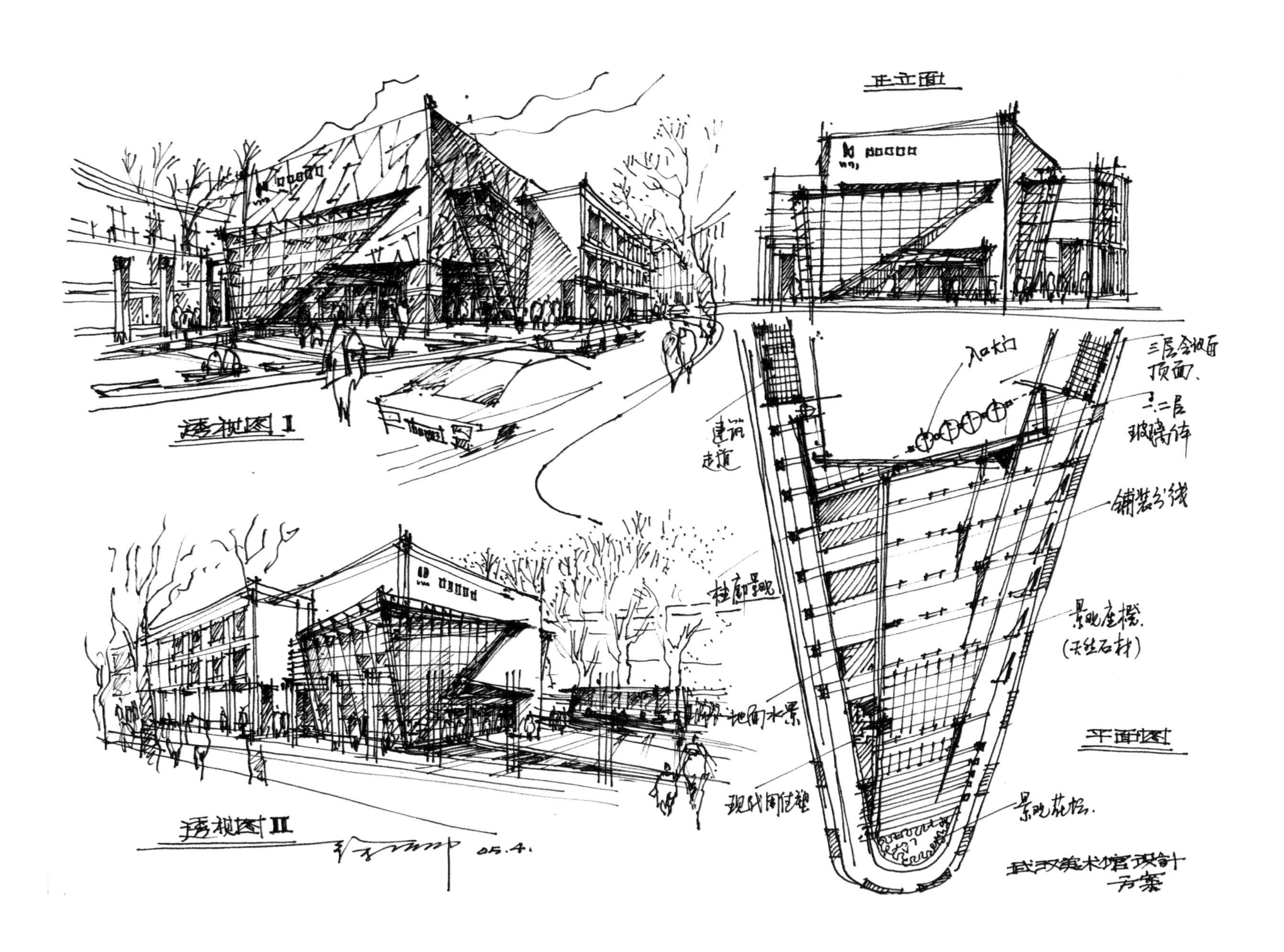
透视图 I
正立面
入口大门
三层会议厅
顶面、
二层
玻璃体
建筑
走道
铺装分线
柱廊景观
景观座椅
(天然石材)
地面水景
平面图
景观花坛
透视图 II
05.4.
武汉美术馆设计
方案

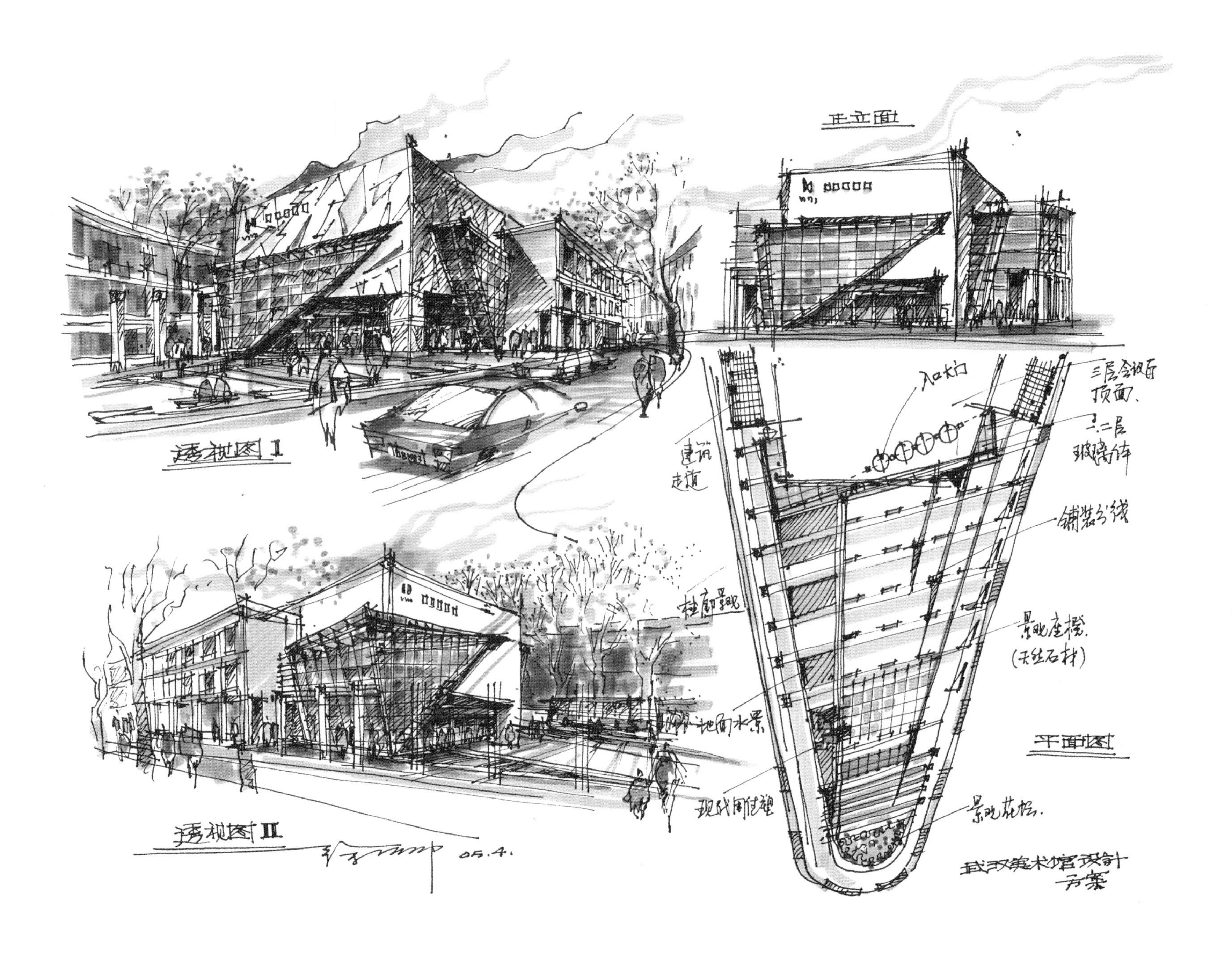
正立面
透视图Ⅰ
入口大门
三层会议厅顶面、
二层玻璃体
建筑走道
铺装分线
柱廊景观
景观座椅
(天然石材)
地面水景
平面图
现代雕塑
景观花坛
透视图Ⅱ
05.4.
武汉美术馆设计方案

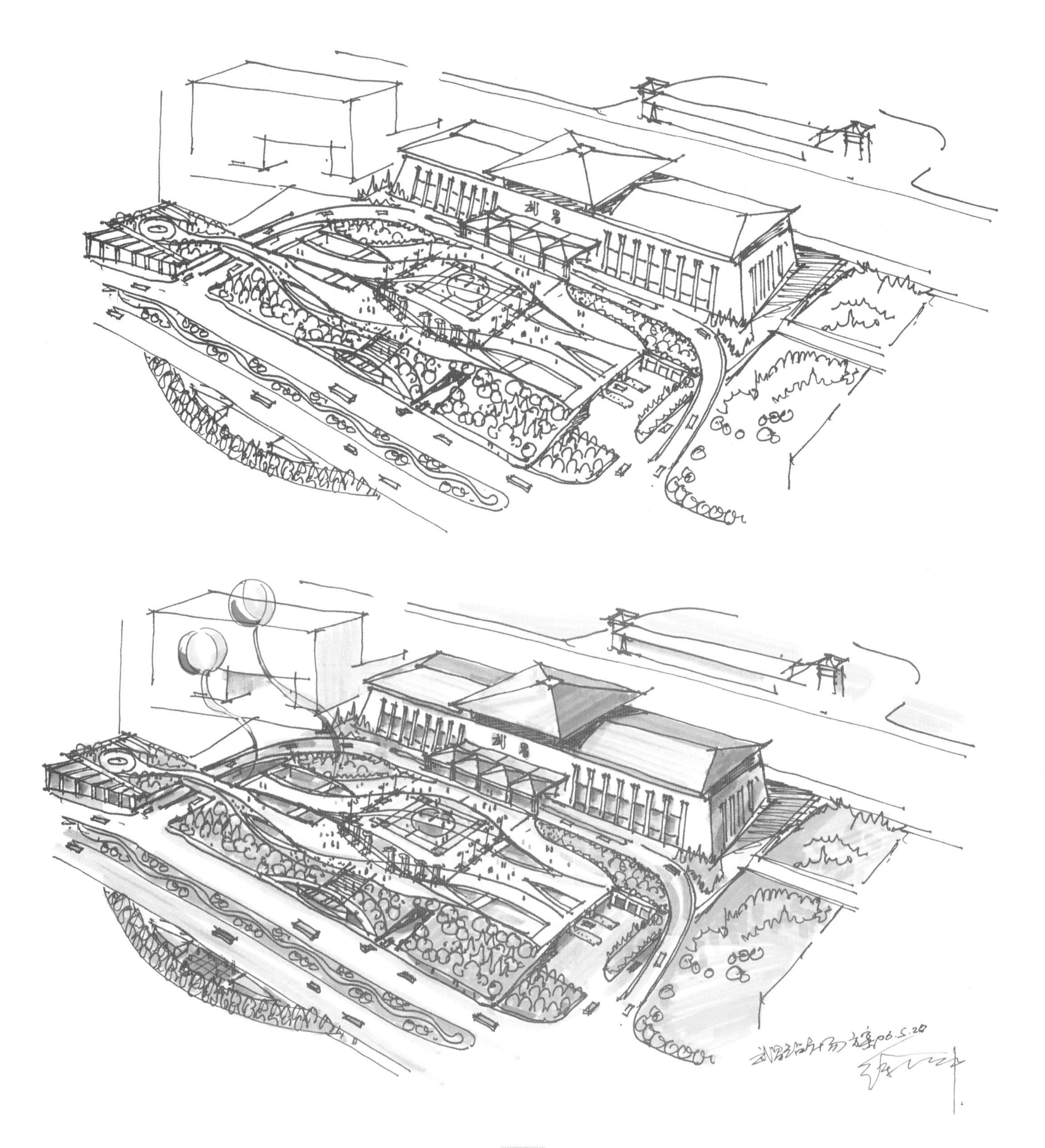

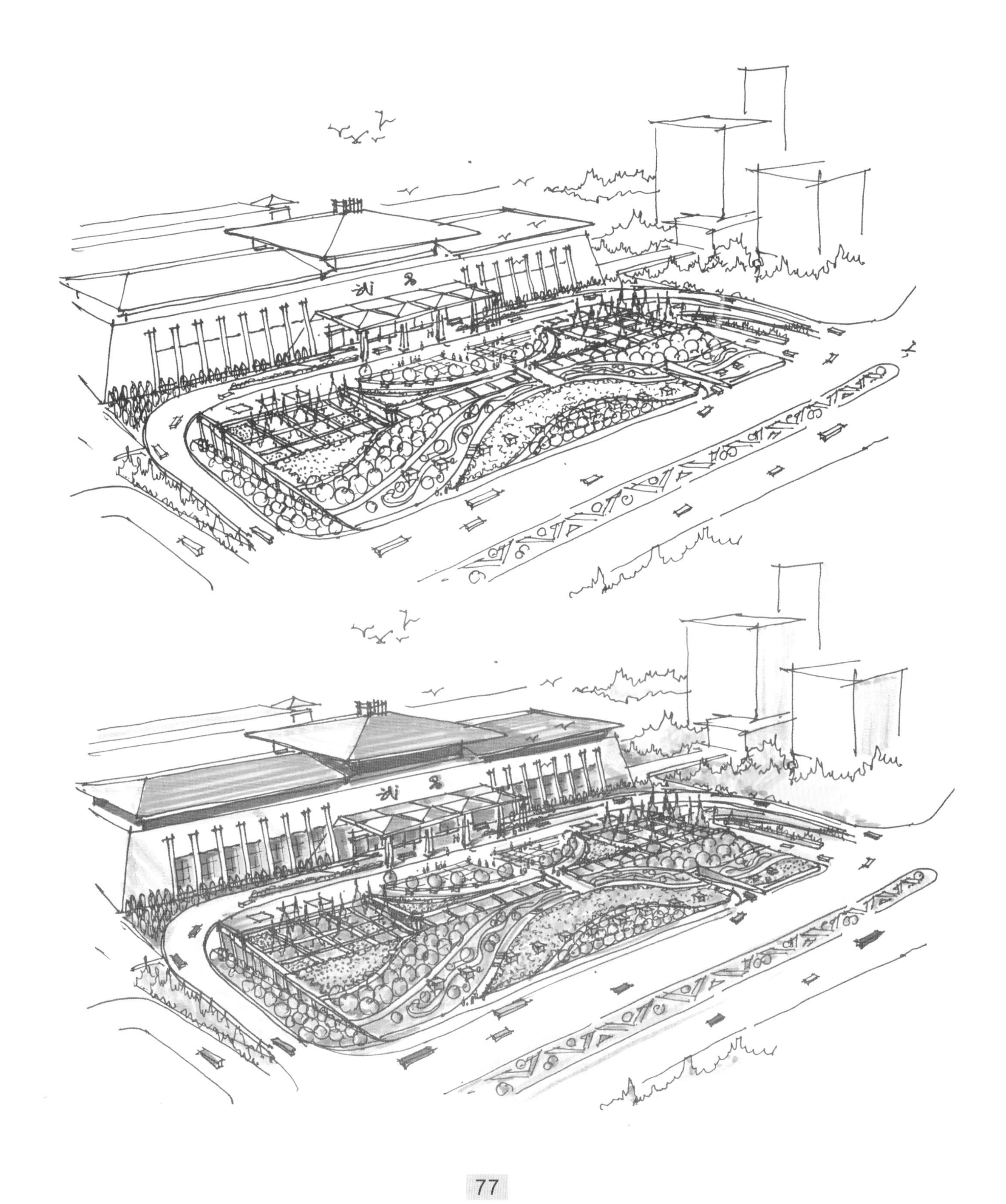

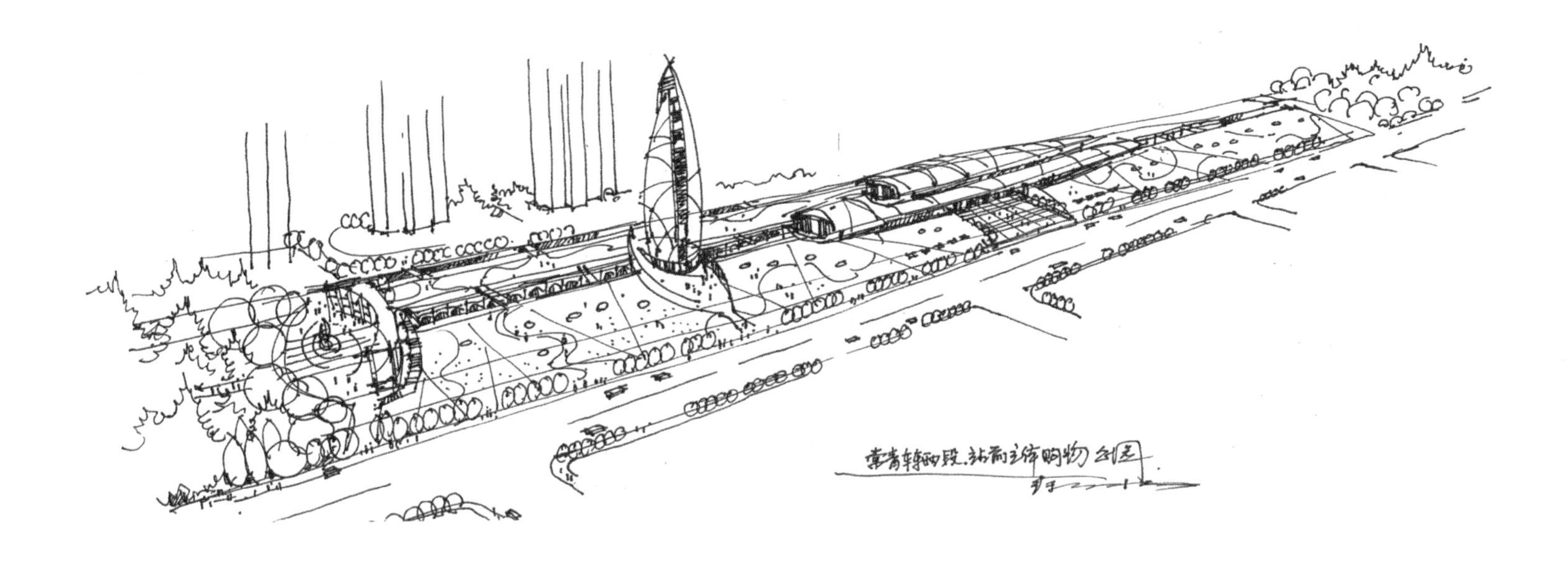
棠青转轴段.站前主体购物公园

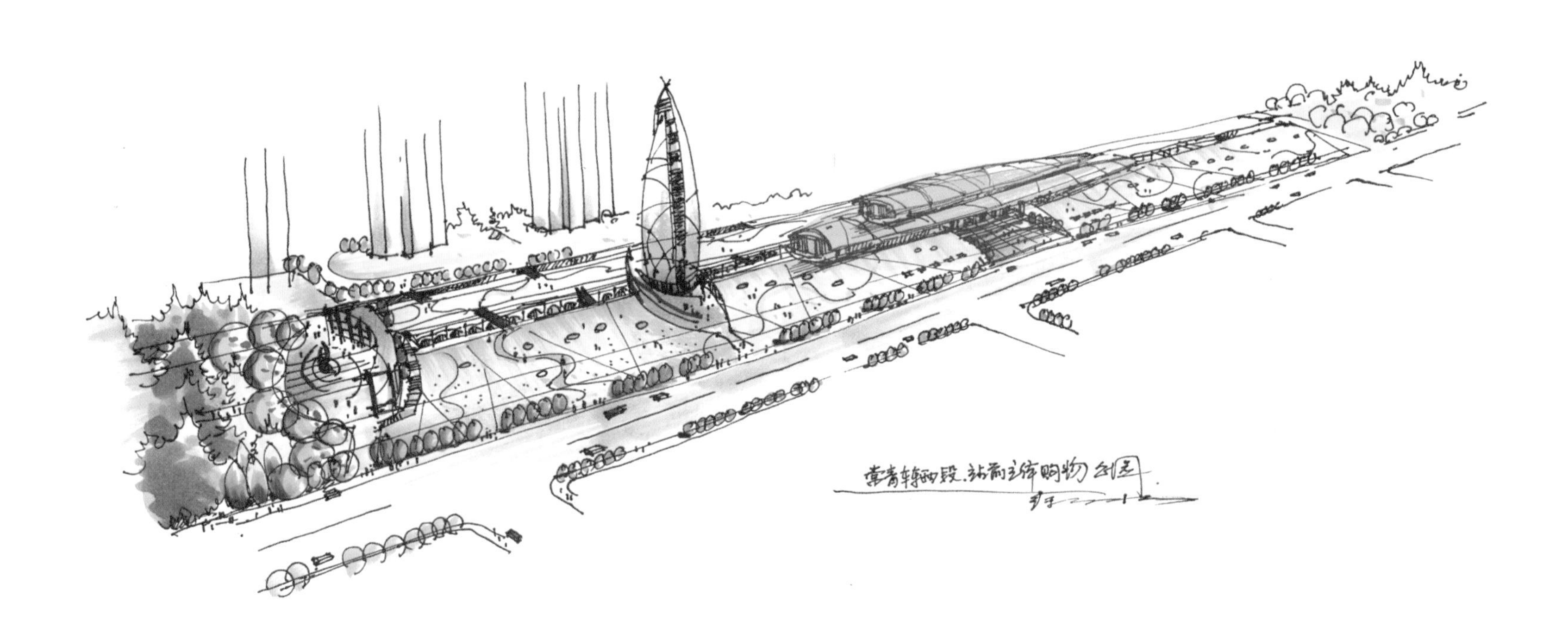
棠青转轴段.站前主体购物公园

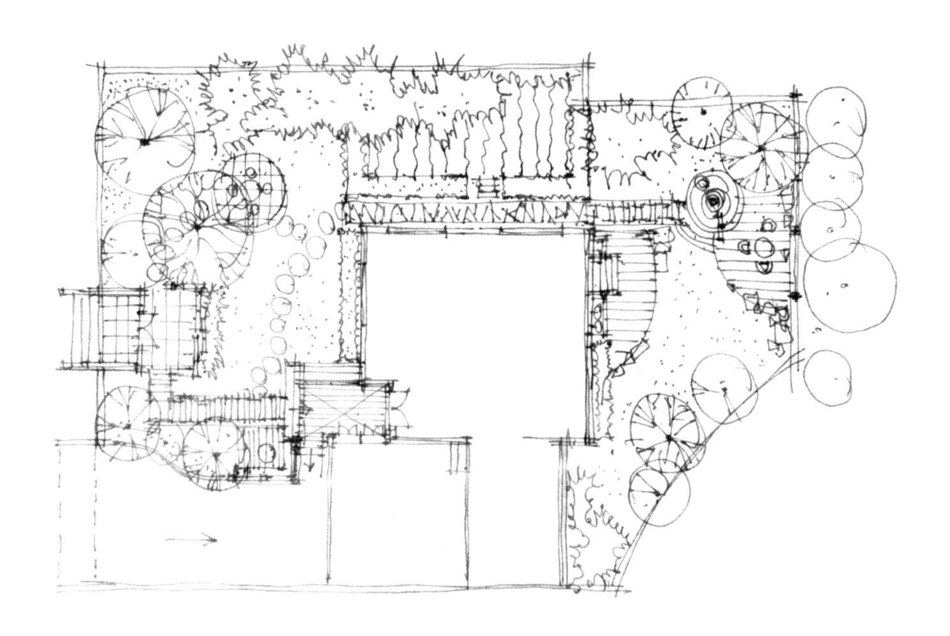

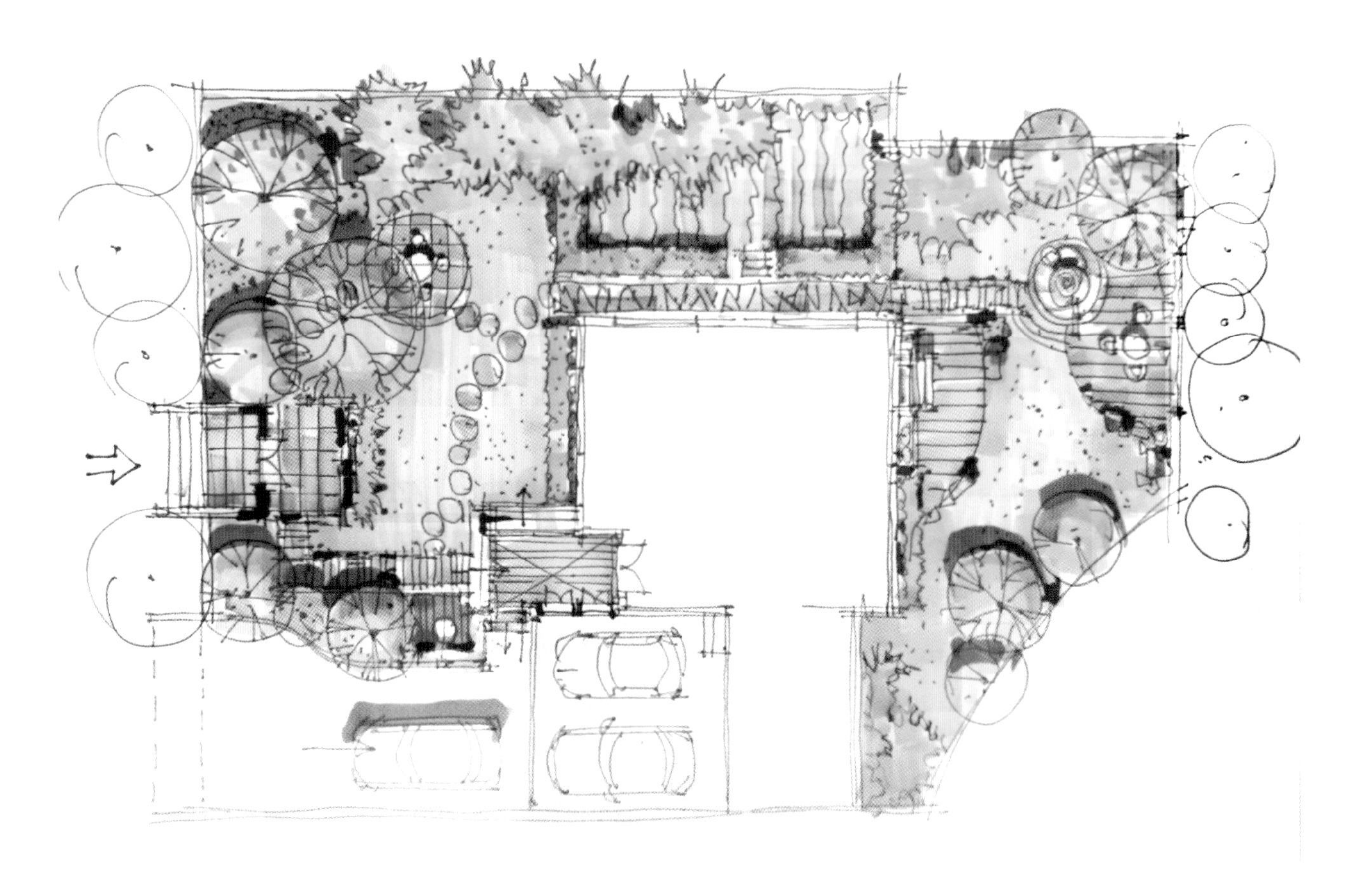

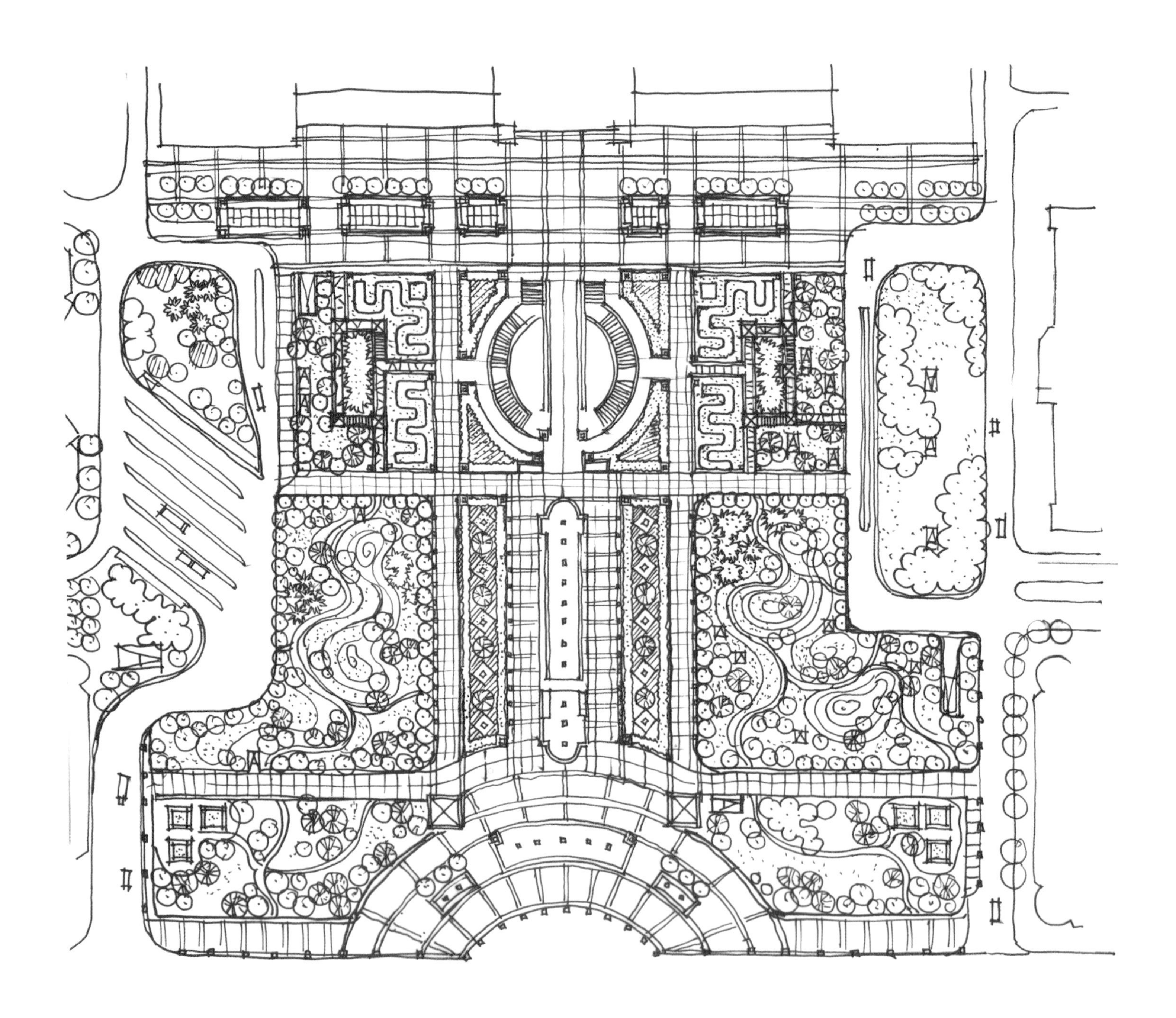

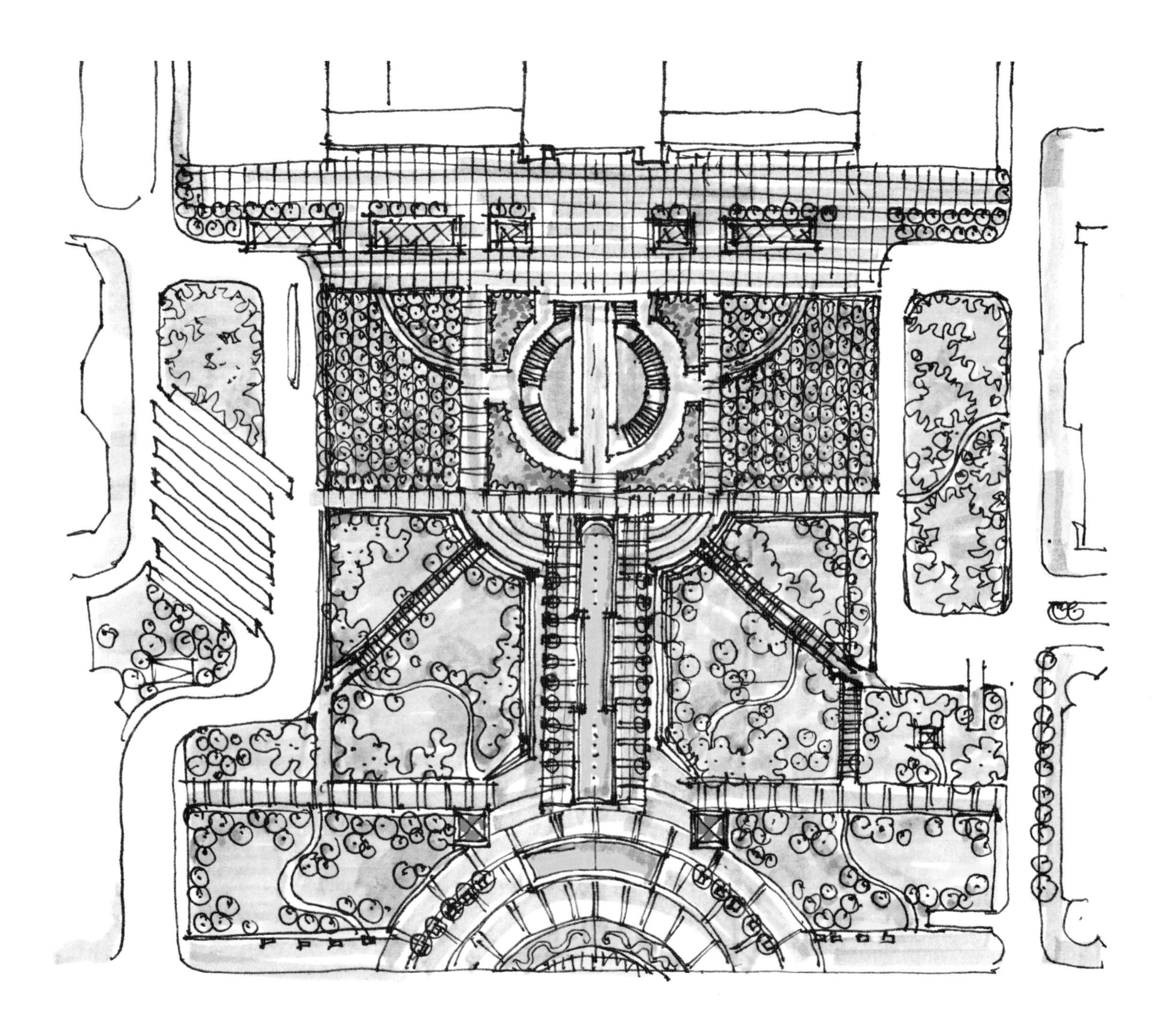

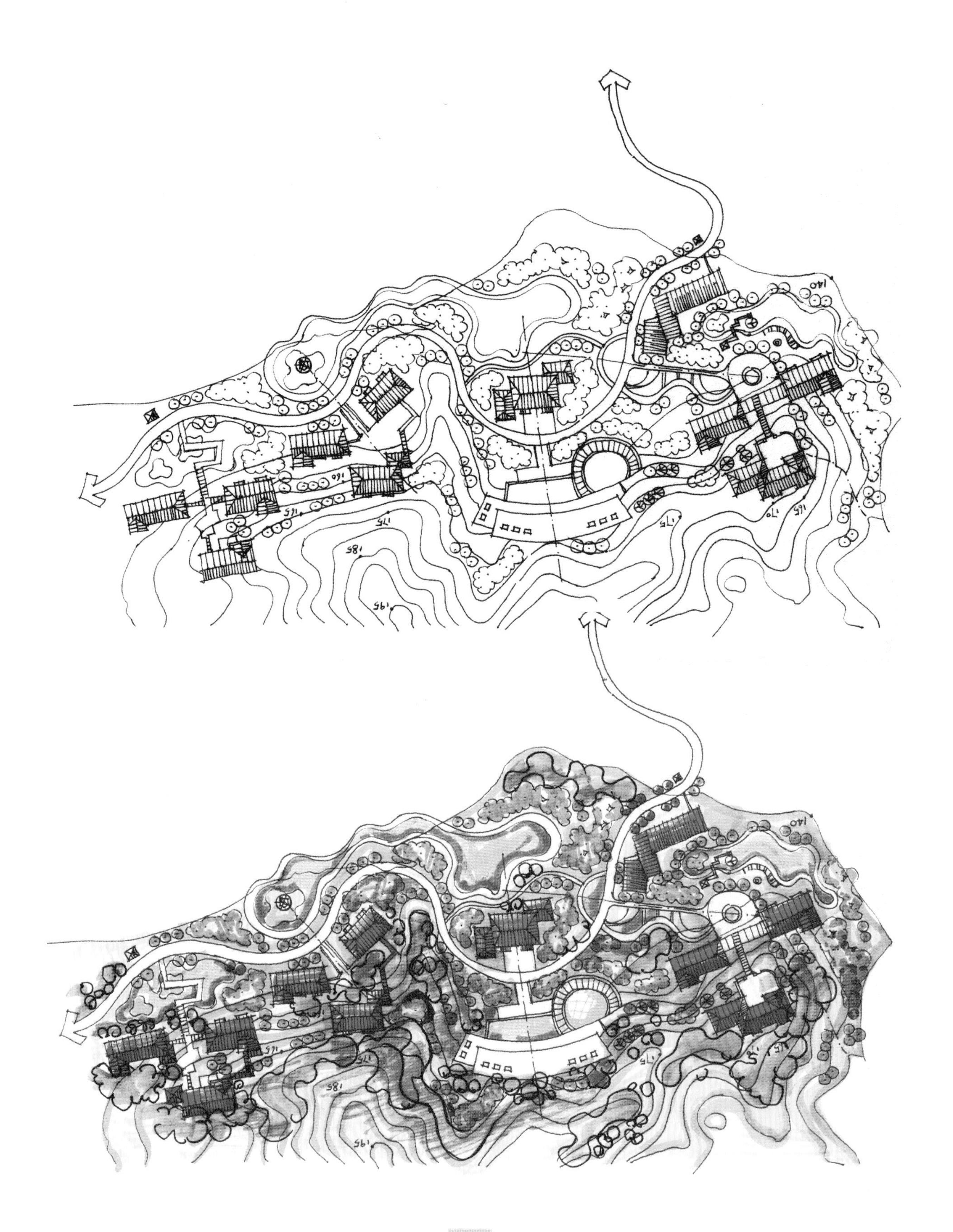

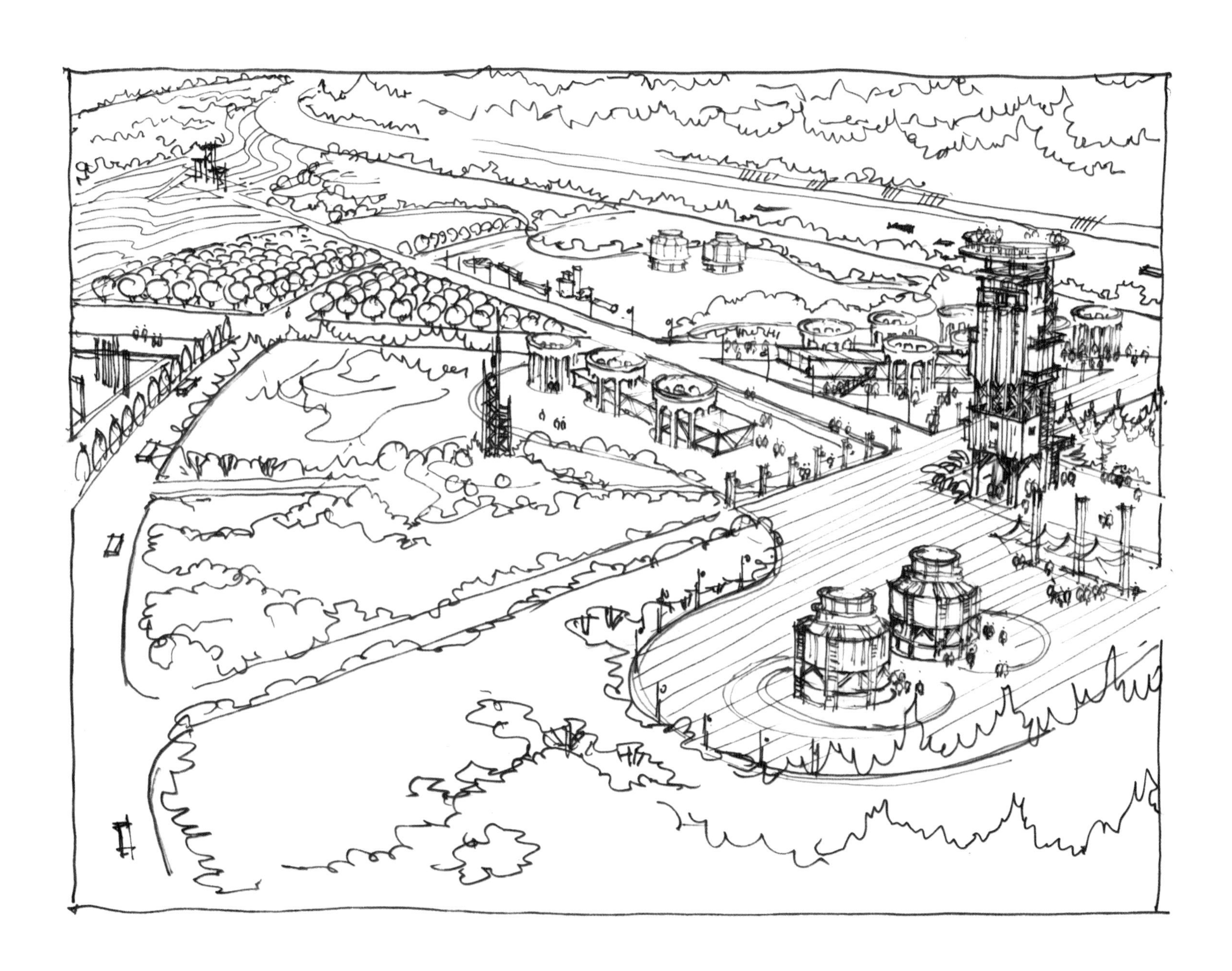

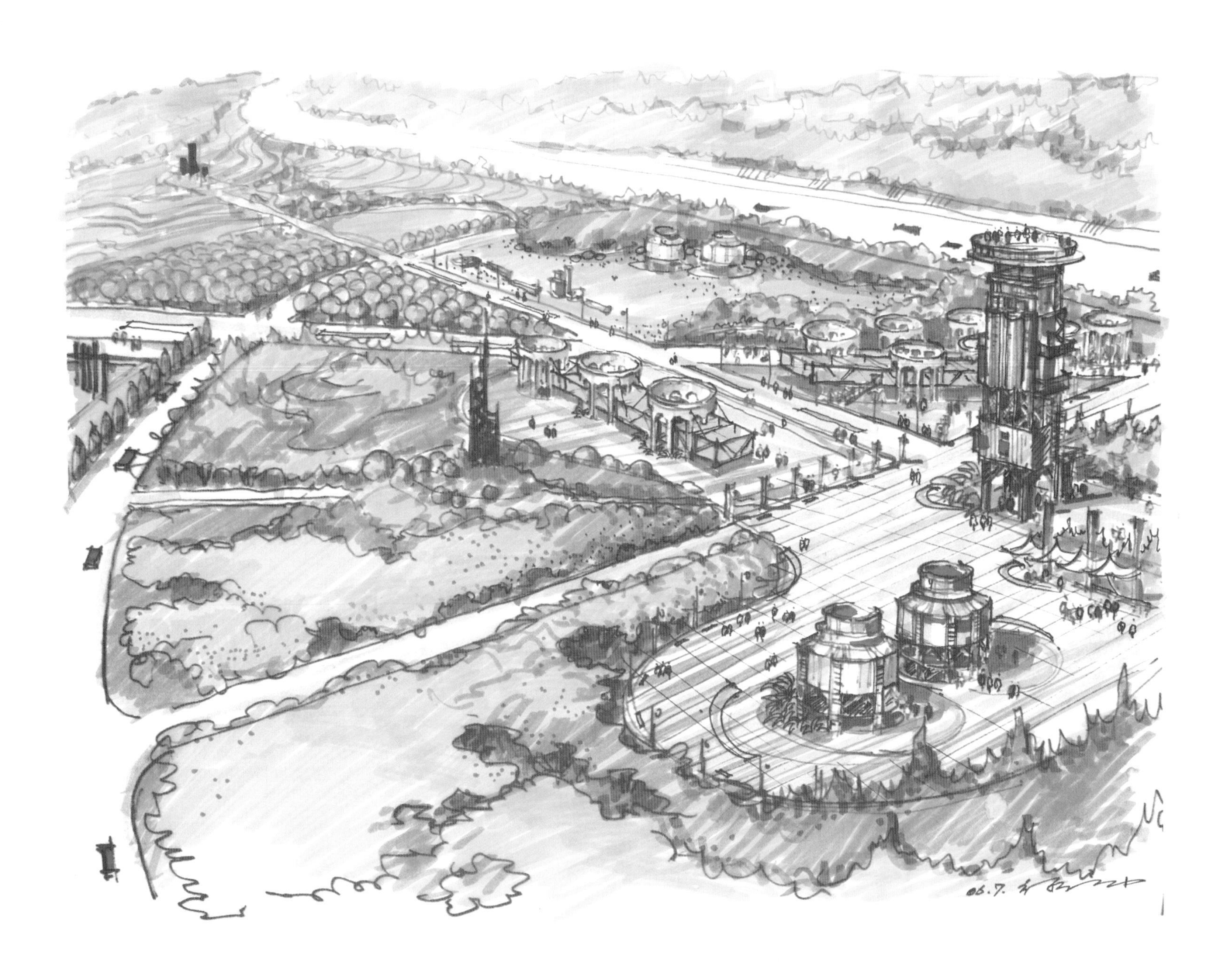

2.3 成图展示

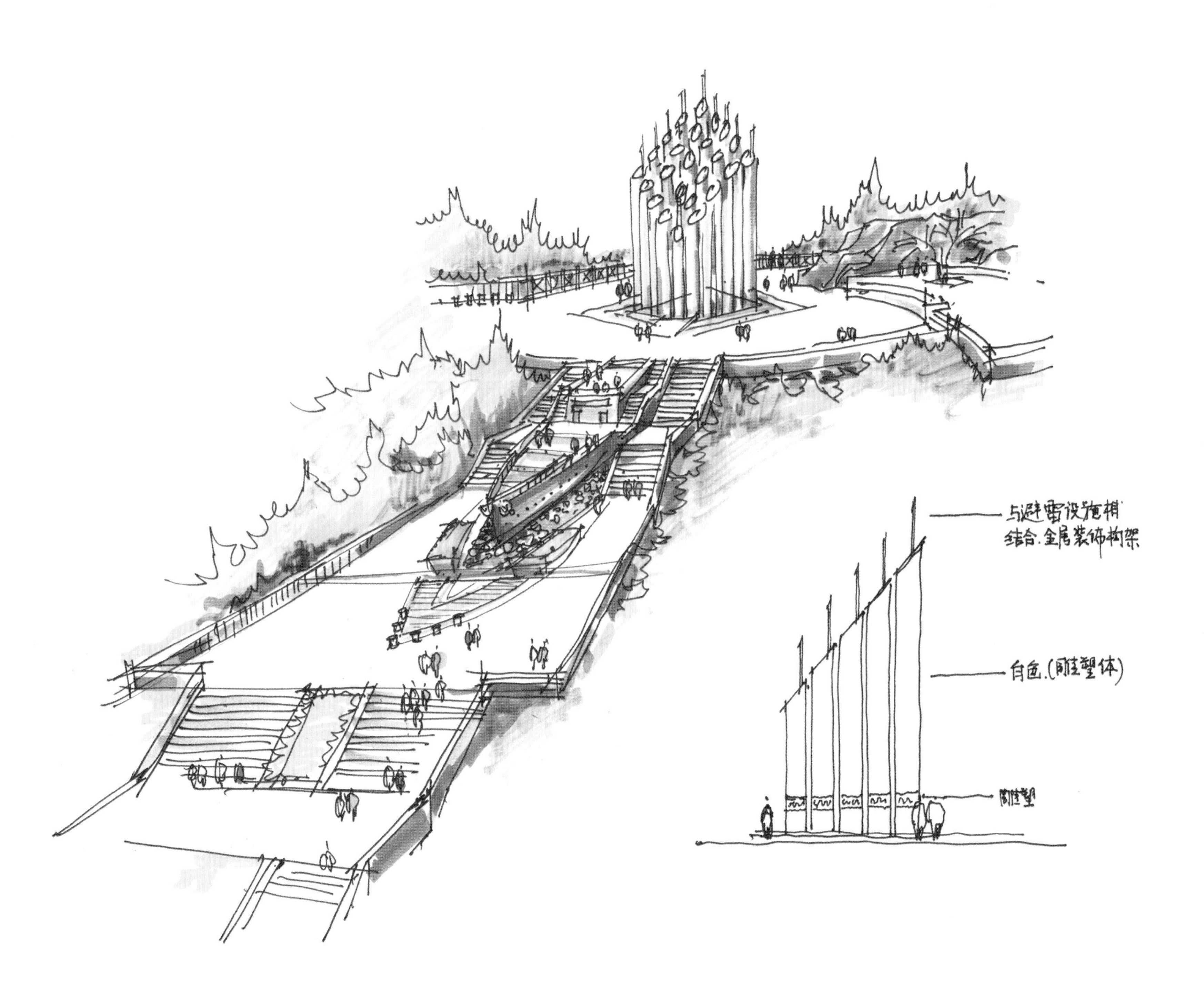

06.12.

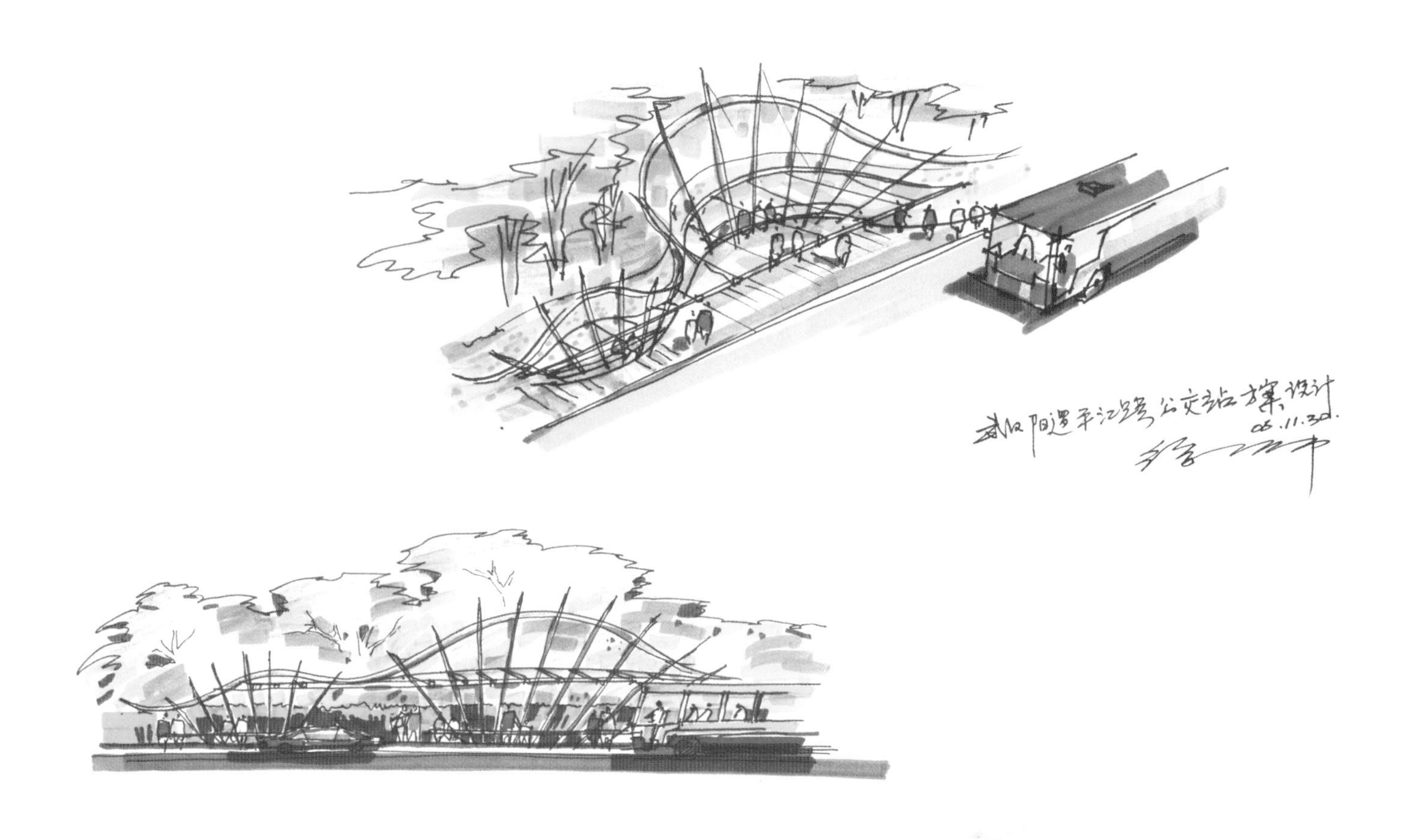
武汉阳逻平江路公交站方案设计
05.11.30.

主题雕塑(冬)
中心广场景观构架
主题雕塑(春)
道路景观灯
展示花卉区
步行道
中心休闲花卉区
中心步行道
中心休闲花卉区
步行道
展示花卉
城市干道步行道
广场剖面分析图.

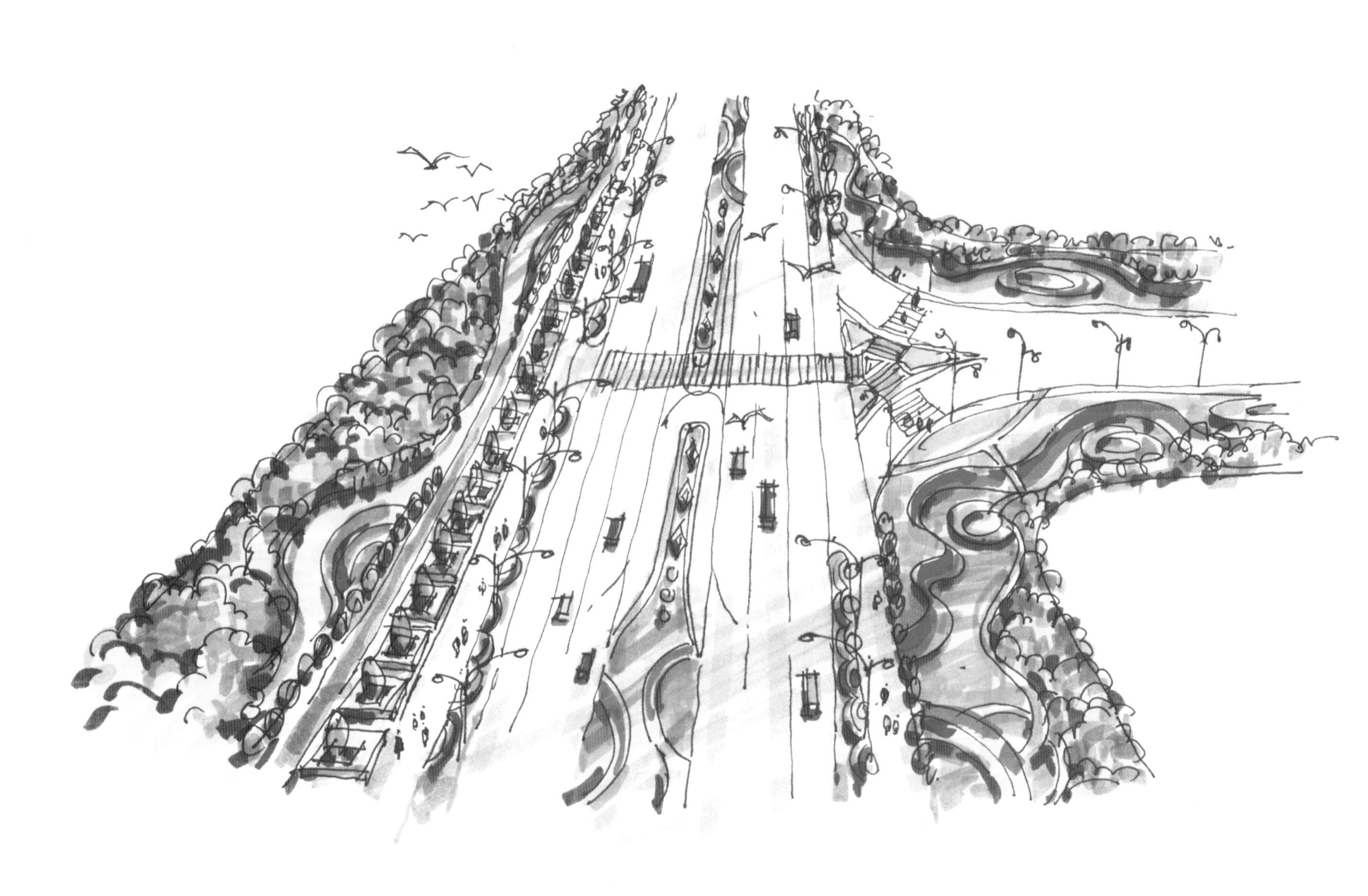

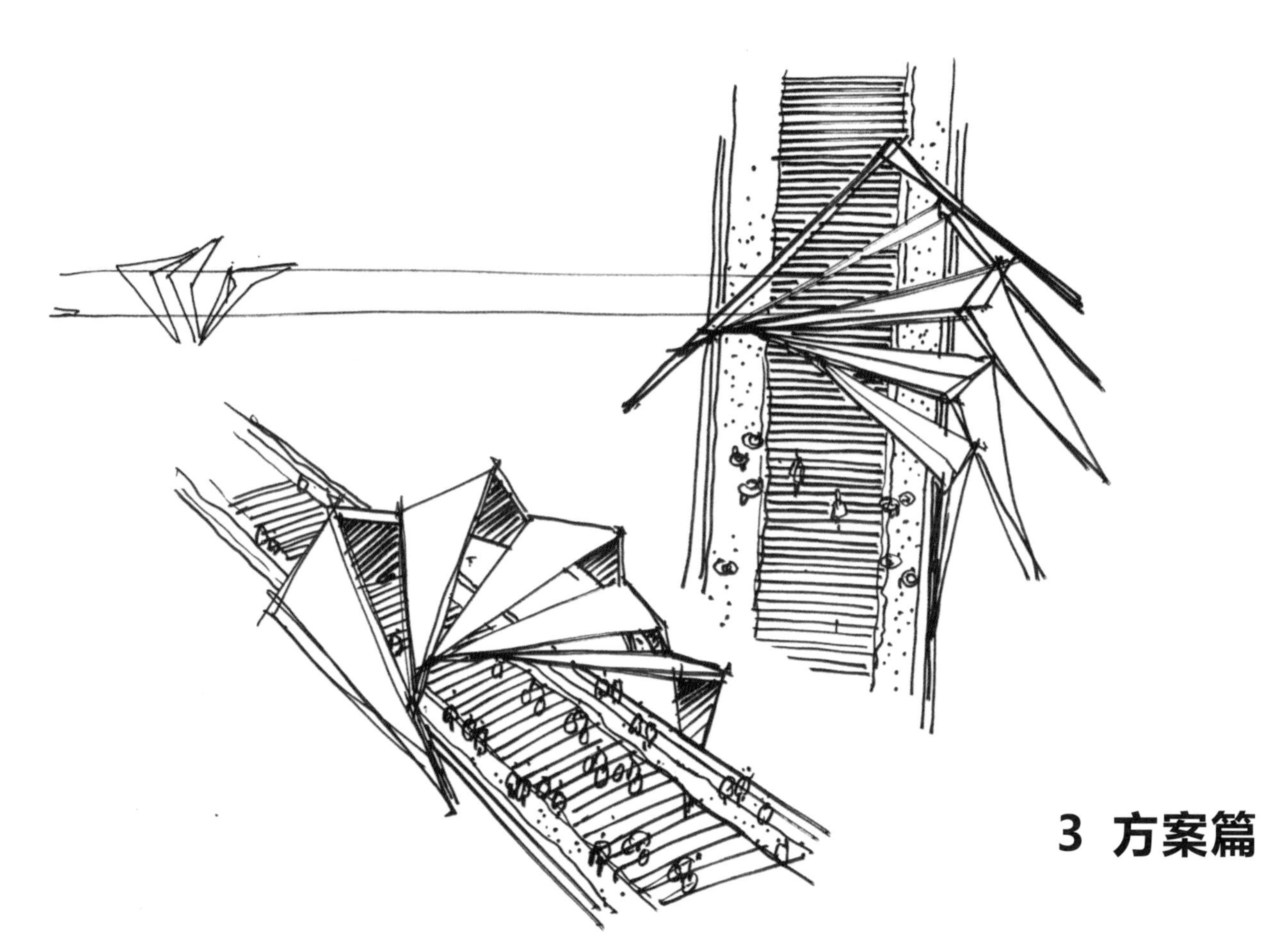

3 方案篇

本部分为方案篇，详细介绍一套完整的设计方案是如何通过手绘进行表达的。

方案设计阶段是一个极富有创造性的阶段，它是设计者知识水平、经验、灵感和想象力的体现，是需要在前两个阶段的基础上完成的。这一阶段主要从分析场地特点与周围环境特点出发，结合设计者的知识与经验，构思满足项目要求的最佳方案。

3.1 桥梁

3.1.1 塔

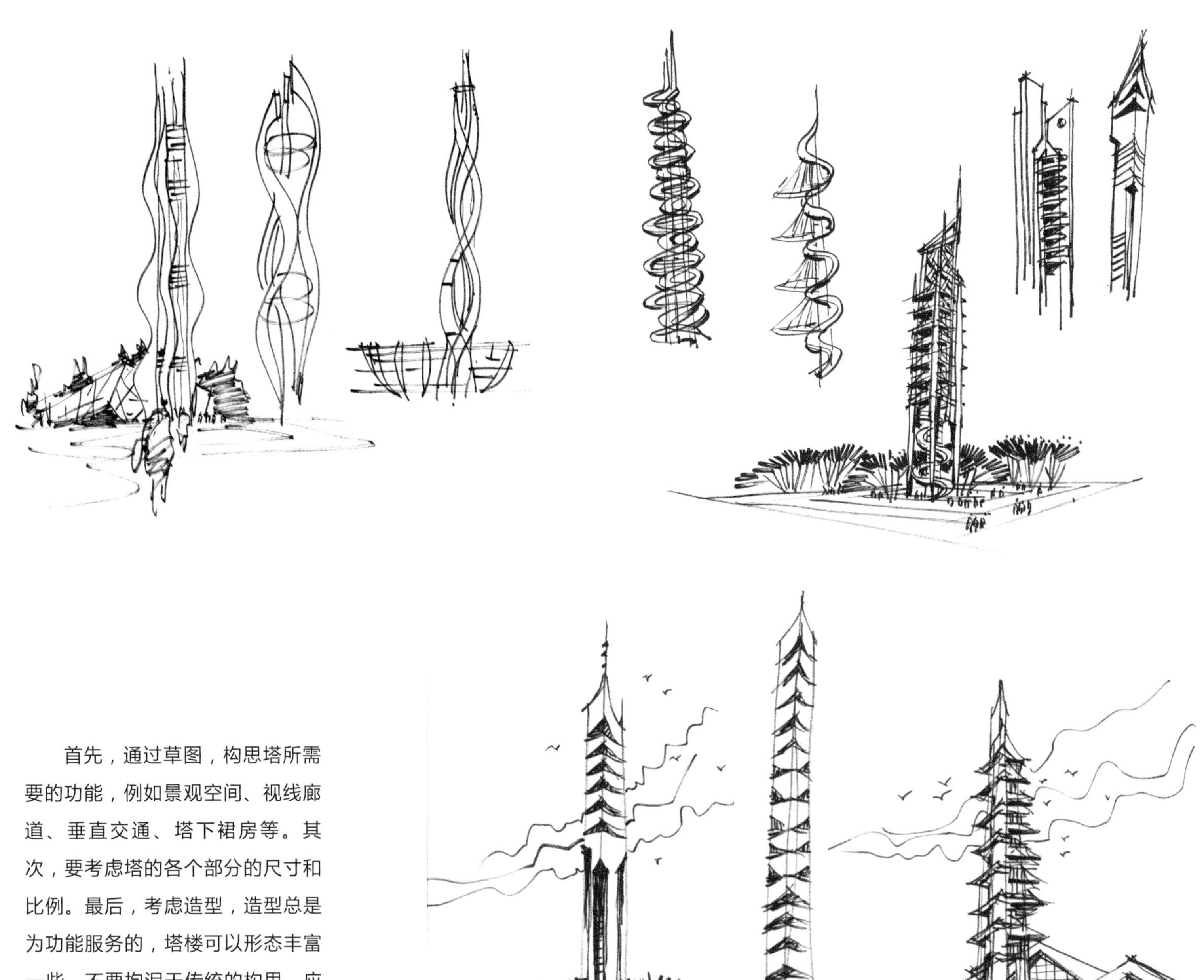

首先，通过草图，构思塔所需要的功能，例如景观空间、视线廊道、垂直交通、塔下裙房等。其次，要考虑塔的各个部分的尺寸和比例。最后，考虑造型，造型总是为功能服务的，塔楼可以形态丰富一些，不要拘泥于传统的构思，应发挥想象，使其形态更加丰富，富有韵律。

3.1.2 桥

通过草图构思，发挥想象，推敲出扇形、网状结构等各种形态结构的桥，再综合力学、美学、行为学等多方面因素，选择出最优方案。

在设计表达中，由于桥身跟一般的建筑不同，具有突出的横向线条，如果表达的角度选取不当，会使得整体画面很不协调。这时候构图就成了一个重要环节。首先，画面要均衡，视点选取在桥的一侧，由于透视原理，桥身有了相应的变化；其次，在桥的两头适当勾勒出建筑的轮廓，扩充画面元素；最后，加入飞鸟和云等自然元素进行点缀，使得画面更加和谐生动，并富有韵味。

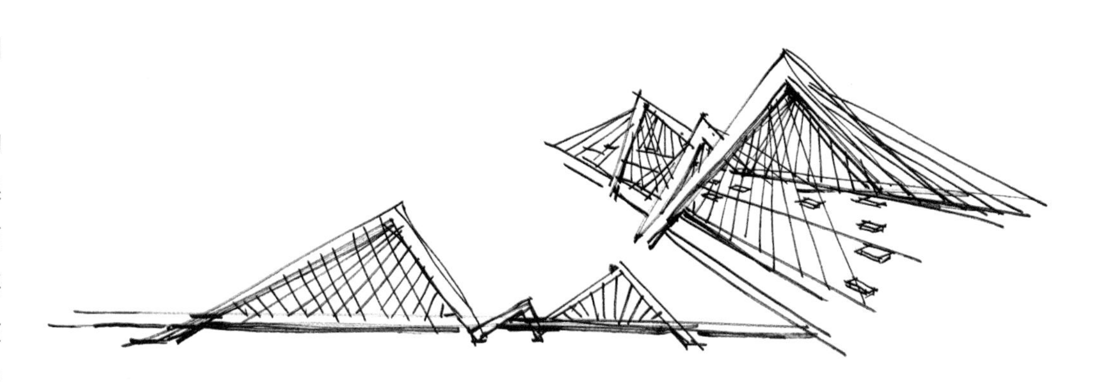

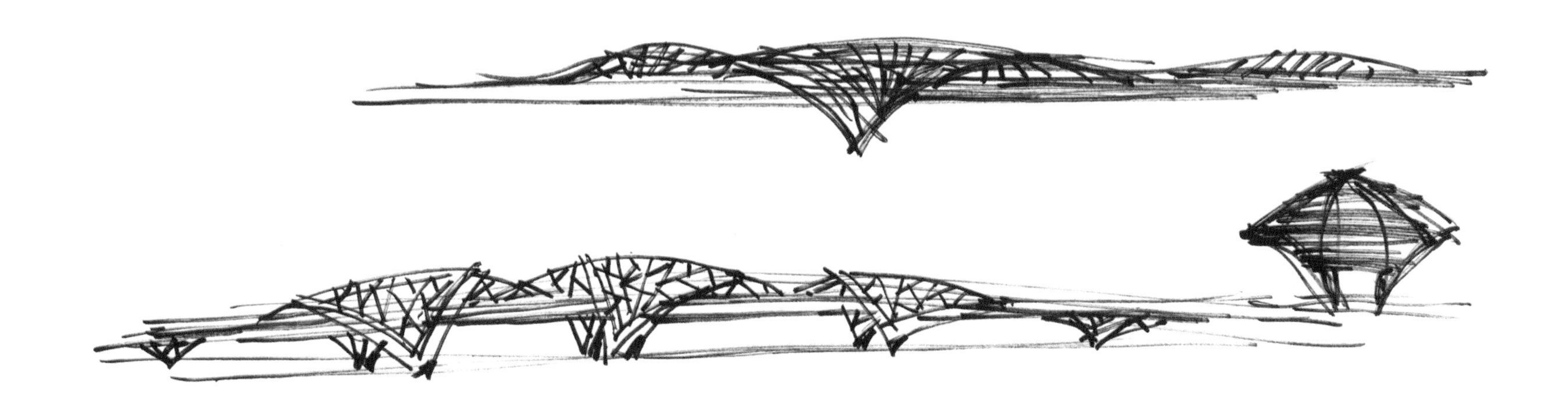

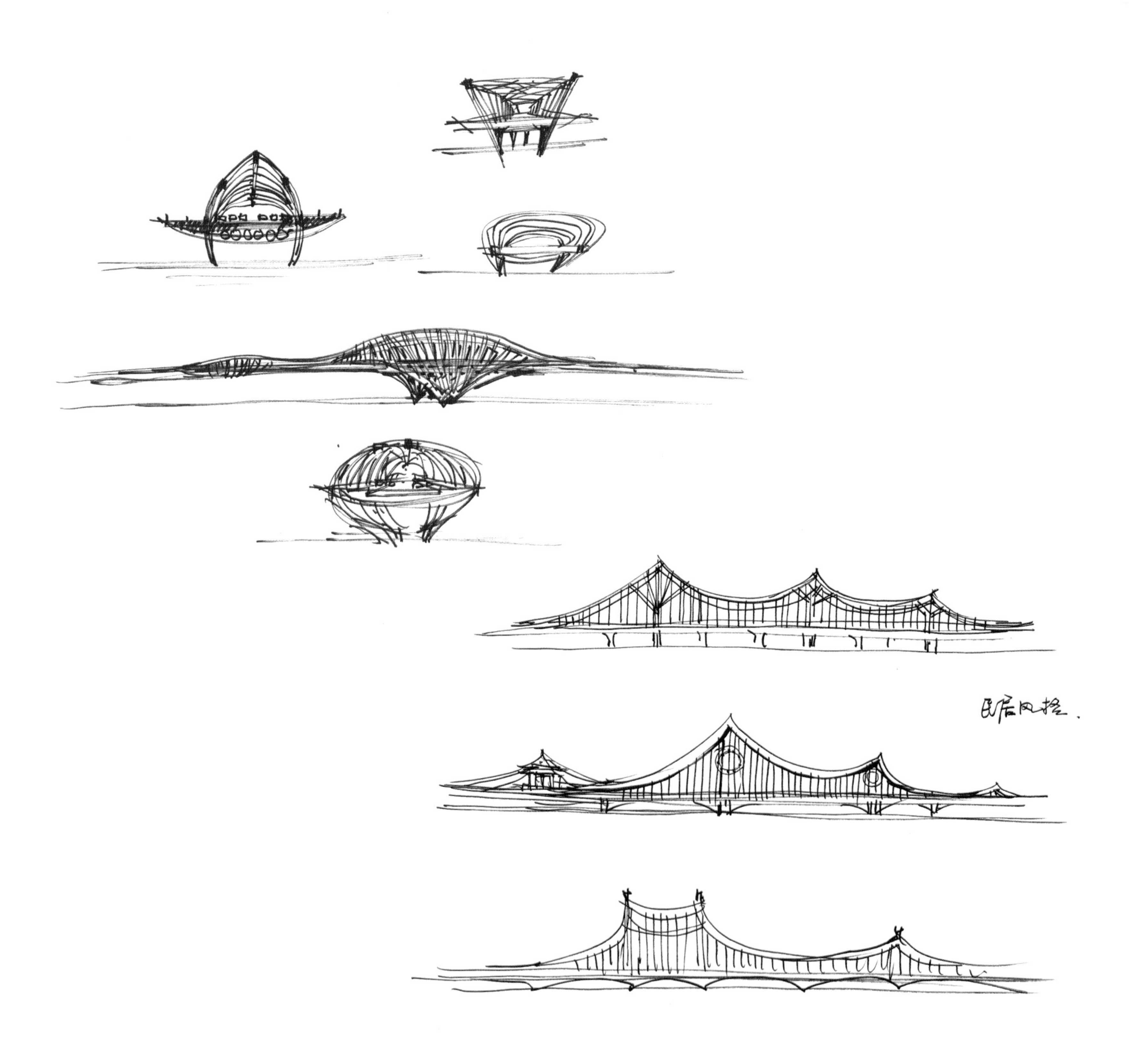
民居风格.

天街

利用桥道形成人、车分离的安全交通体，并通过独立安全人行步道，按桥自身结构，打造出一条观景、休闲、服务为一体的步行街。

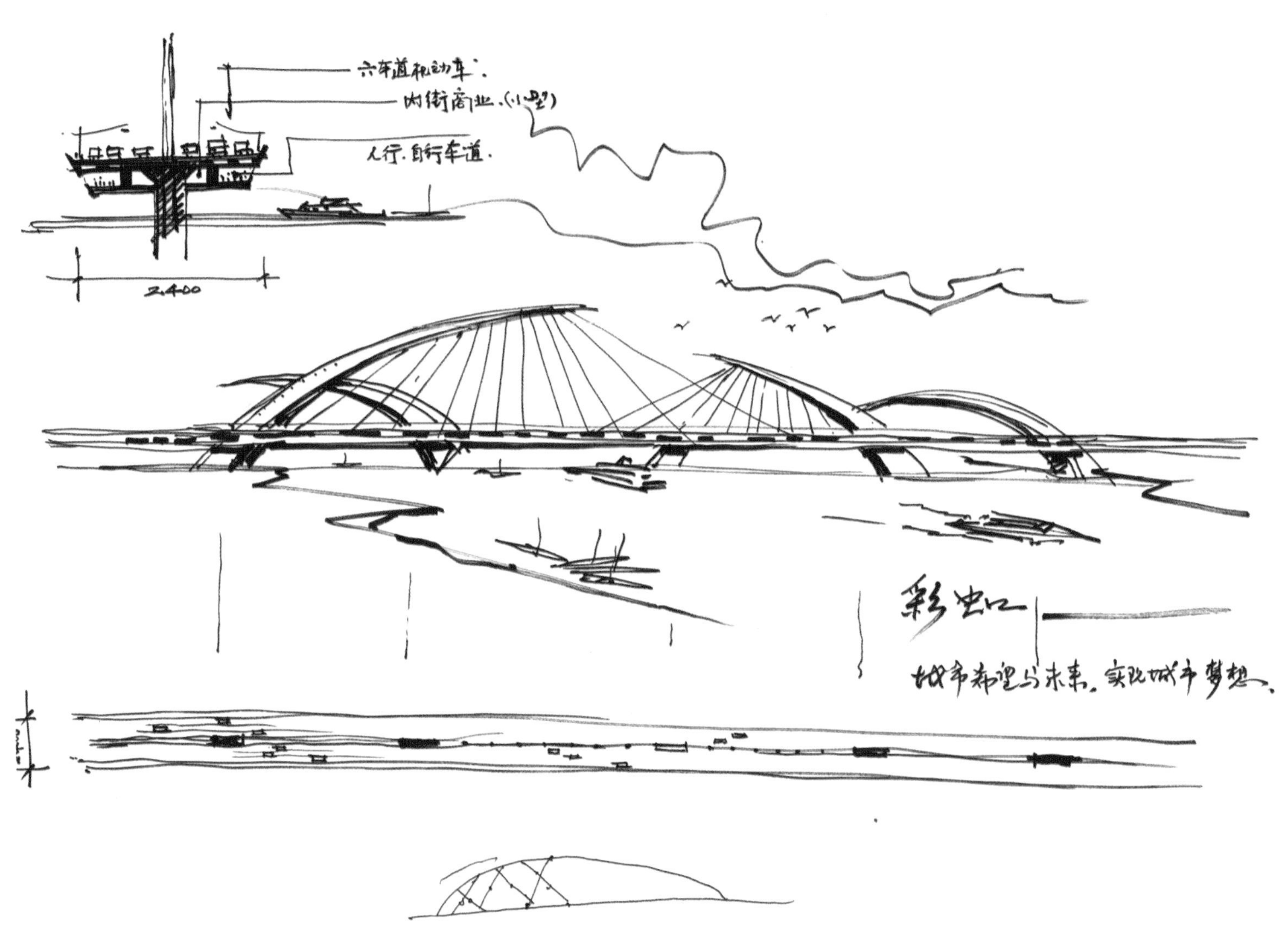

3.1.3 塔桥

通过塔与桥多种组合形式的构思和表现，从而判别与推敲方案。

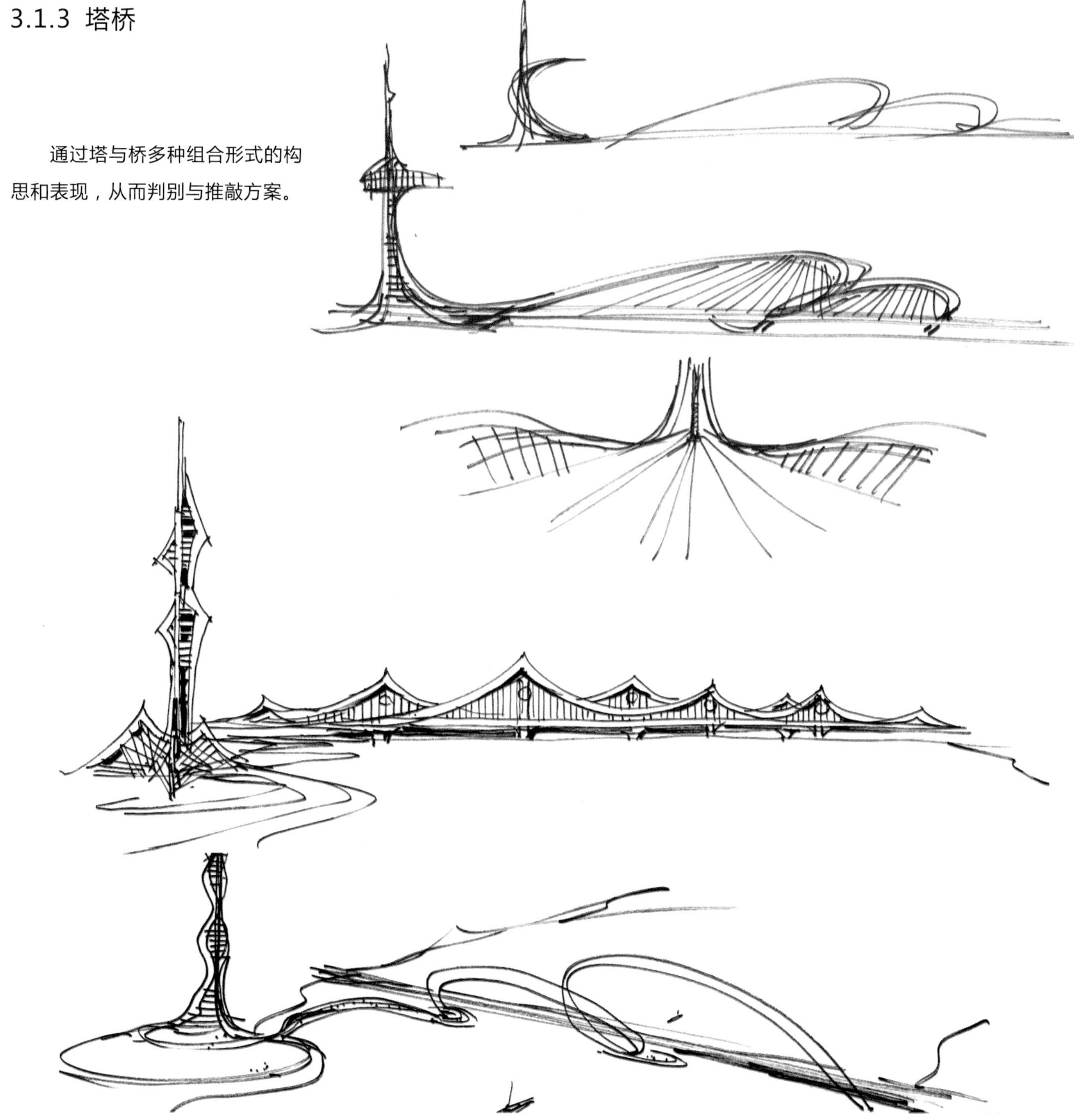

方案一

本方案将湖水的“波光粼粼”作为基本元素，形成桥身的景观构件。流线型的桥体仿若水中的层层波纹。

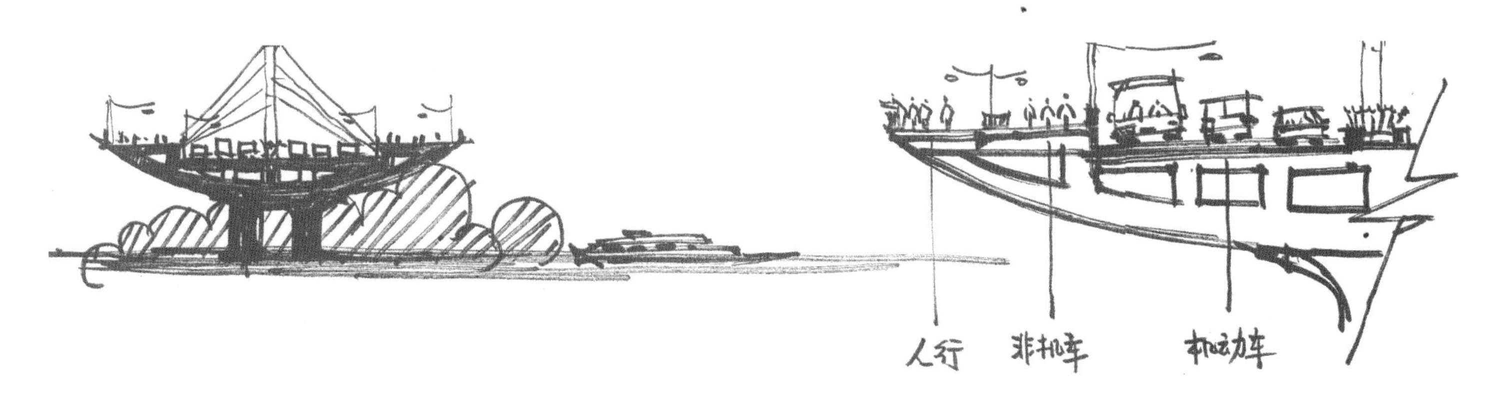

方案二

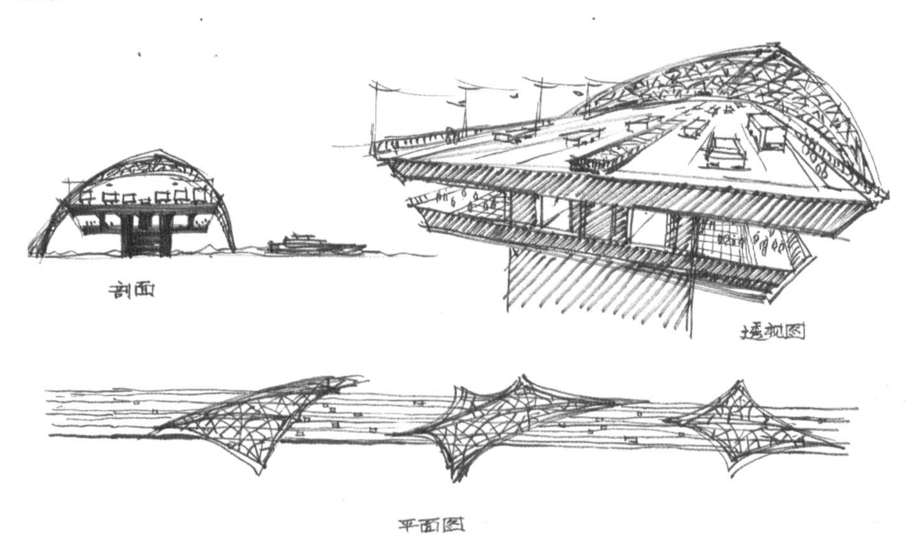

本方案采用“渔网”为形象语言，将“渔网”的元素提炼出来，体现鱼米之乡的文化特点。

方案三

将商业步行街和大桥相结合，简约的折线形钢构，展现出一种节奏韵律和力量美感，让桥自身也成为了一种景观。

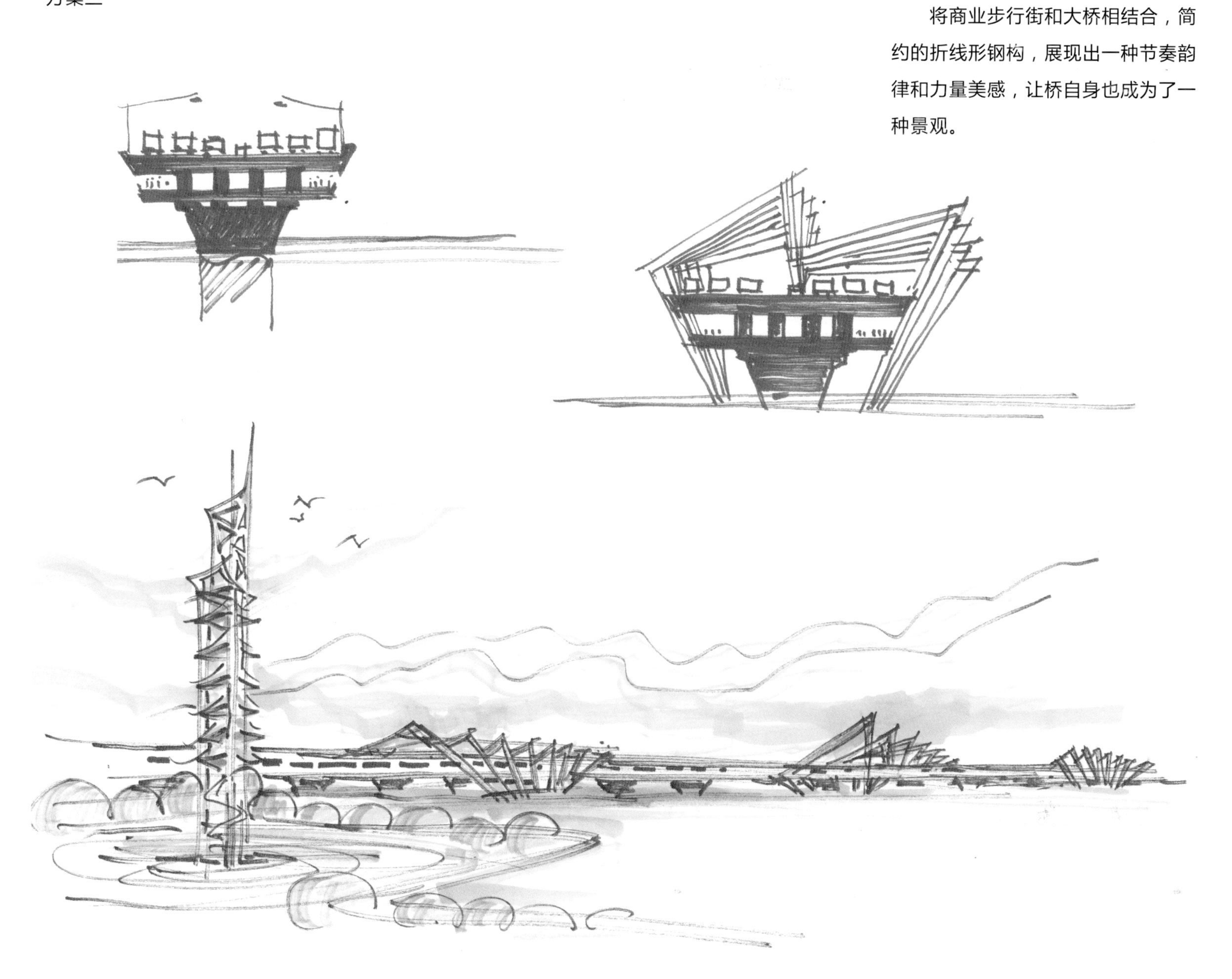

方案四

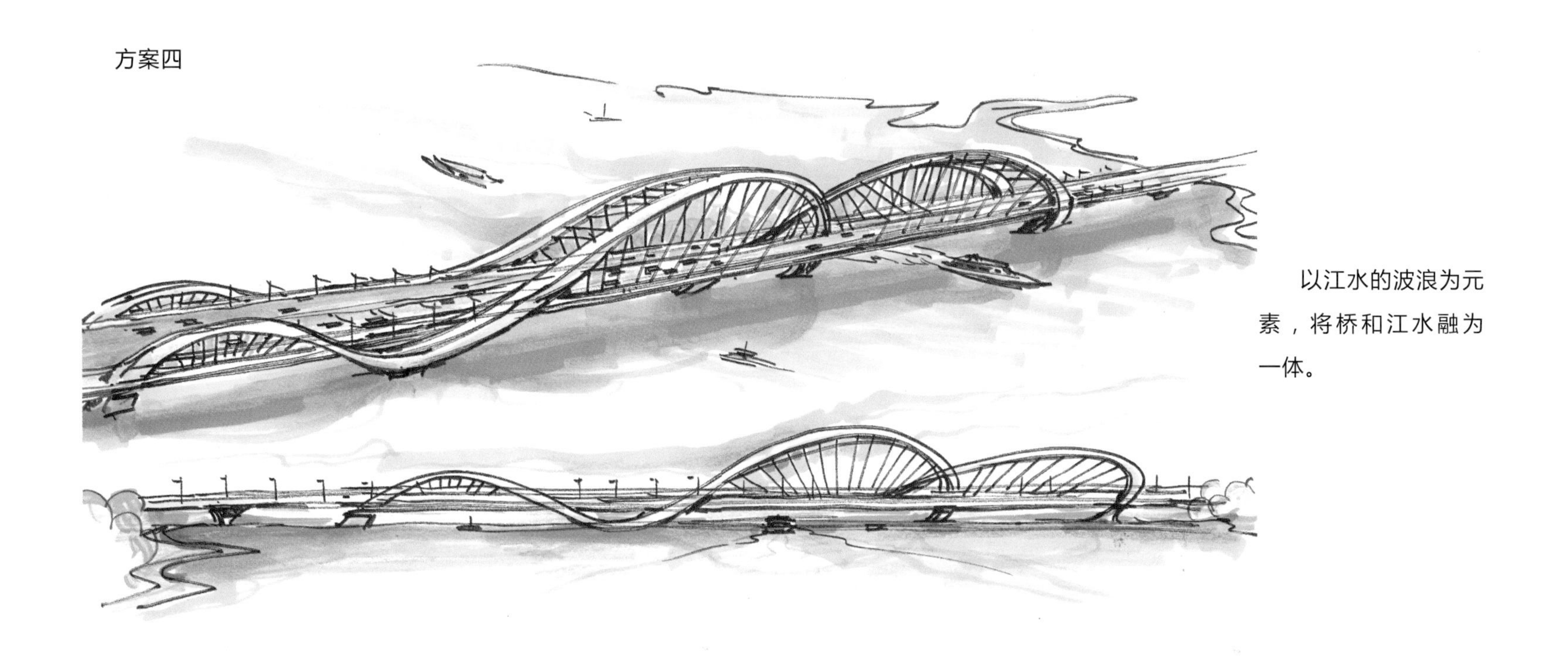

以江水的波浪为元素，将桥和江水融为一体。

方案五

本方案将桥的支撑构筑物隐匿于绿岛之中，营造出桥漂浮于水面的轻盈感。

3.2 小区

本项目是典型的南方的住宅与商业结合的模式。小区内部景观丰富，曲线化的道路设计，主要是体现江南园林的曲径通幽、步移景异的设计手法。通过景观与道路的合理结合，使得繁华的外部商业街与小区内部的幽静空间相辅相成、互不干扰。

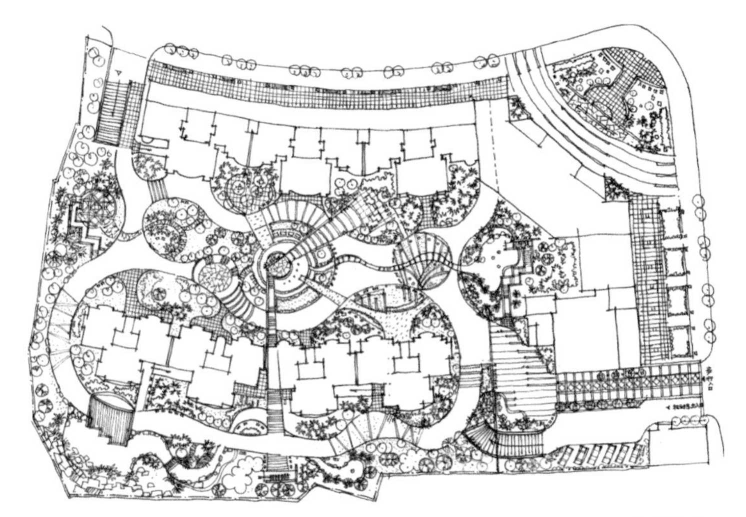

平面图

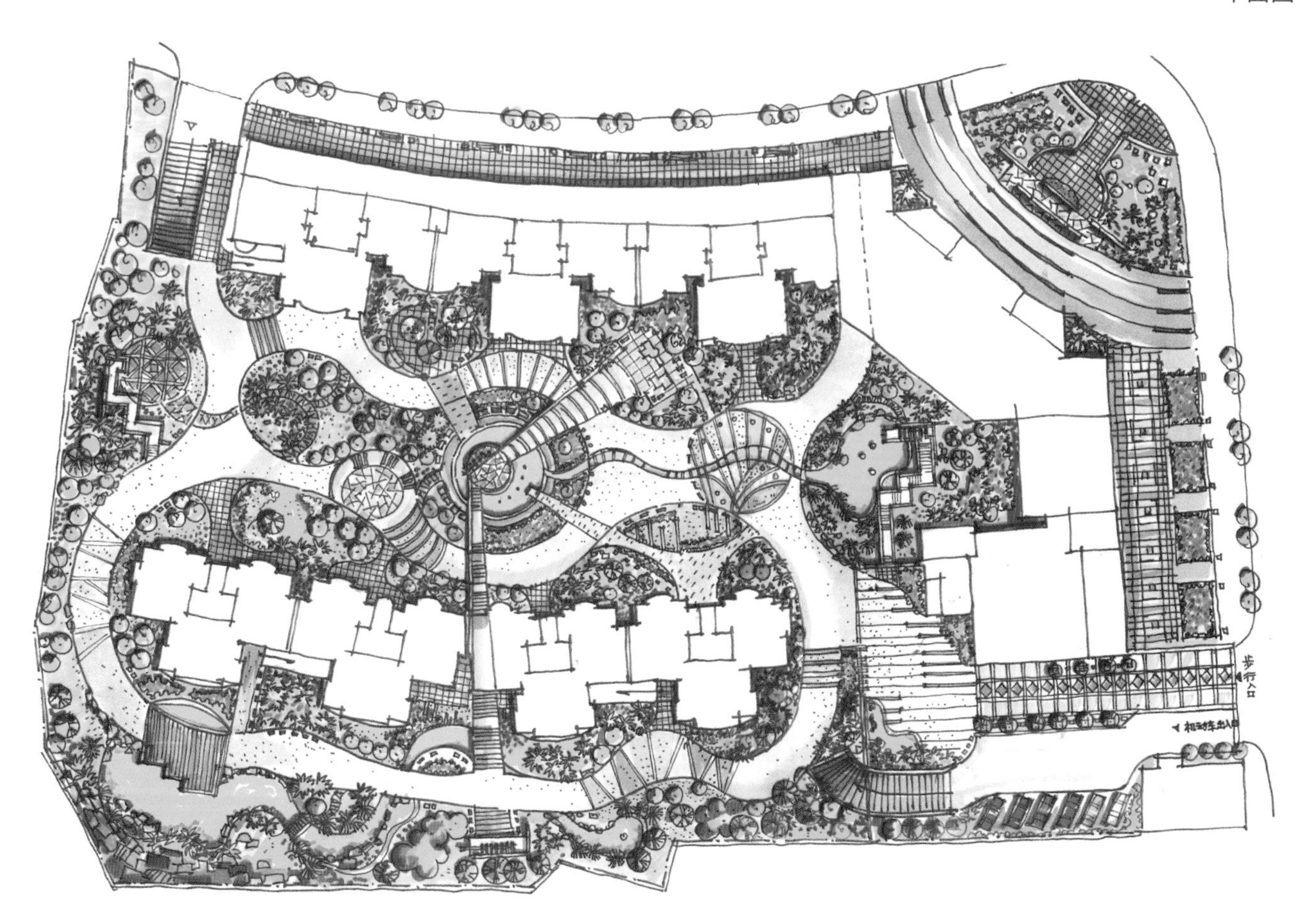

小区内鸟瞰图

节点效果1

节点效果2

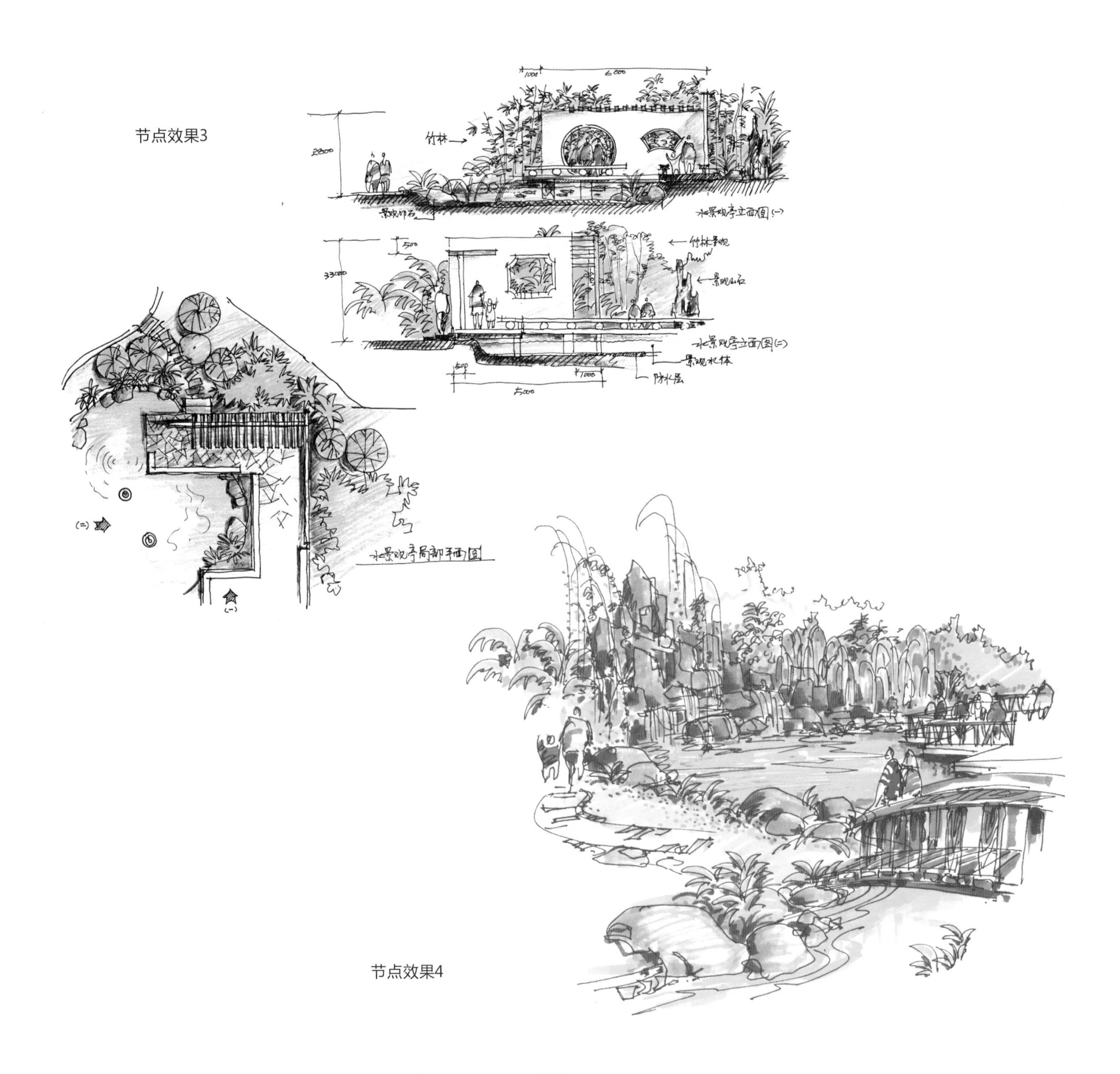
6000
1000
2800
竹林
水景观亭立面图(一)
500
3300
竹林景观
景观山石
水景观亭立面图(二)
景观水体
防水层
5000
1000
水景观亭局部平面图

节点效果3

节点效果4

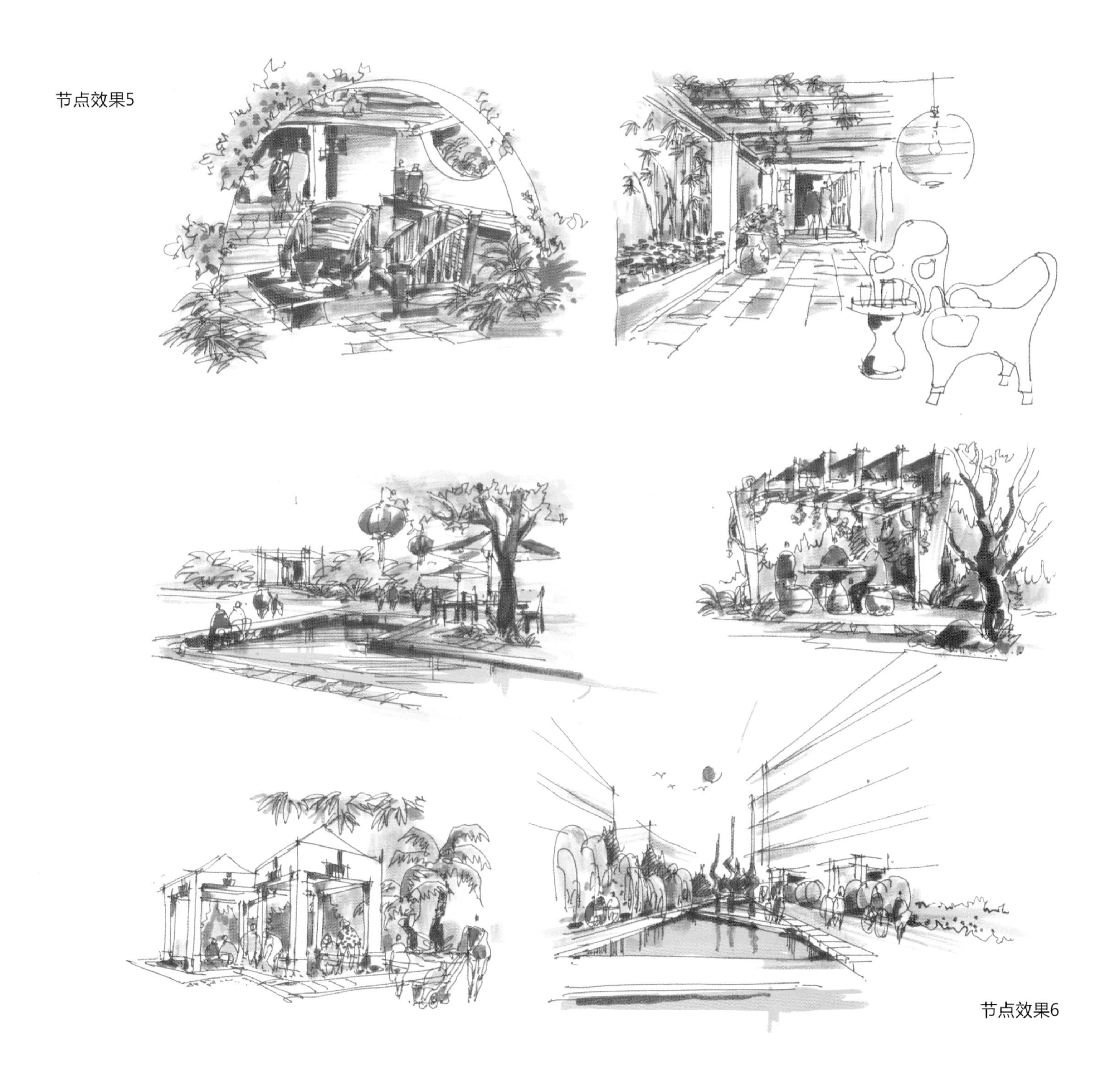

节点效果5

节点效果6

3.3 城市森林公园

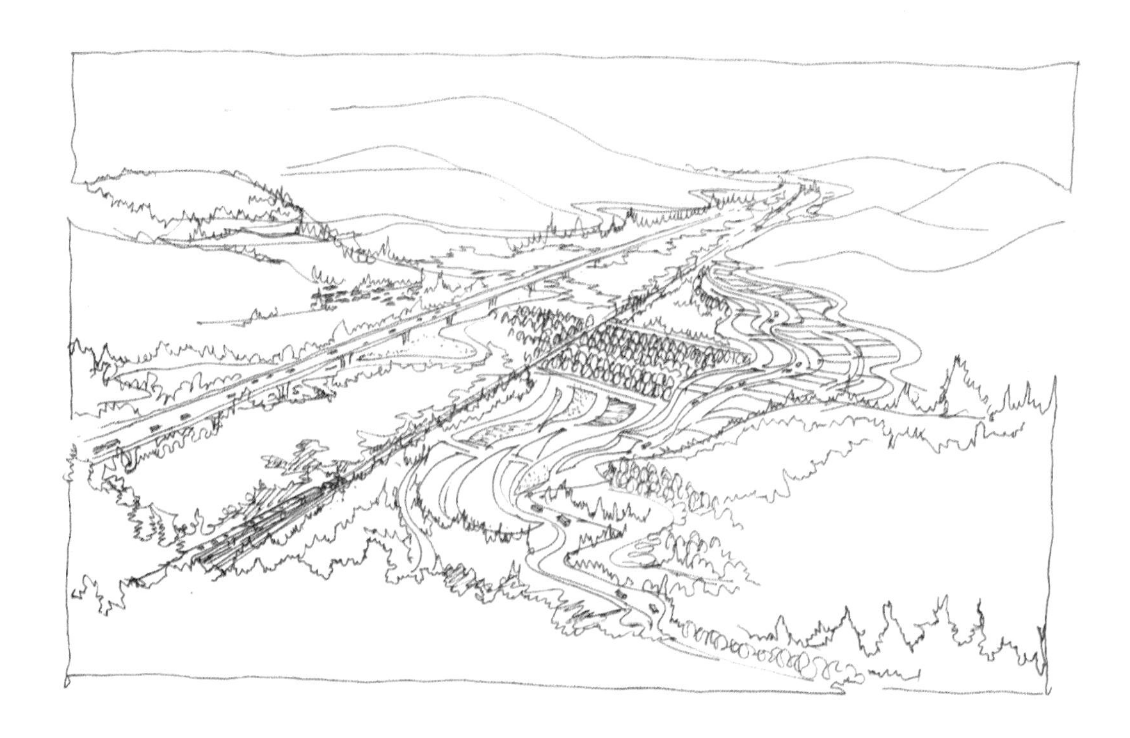

本项目是城市森林公园的景观设计。由农田改造成大地景观，并对其进行有针对性的花卉种植设计。通过大尺度的景观表现手法，解决了高铁和高速公路的贯通问题，使得景色和谐自然。

局部鸟瞰图1

局部鸟瞰图2

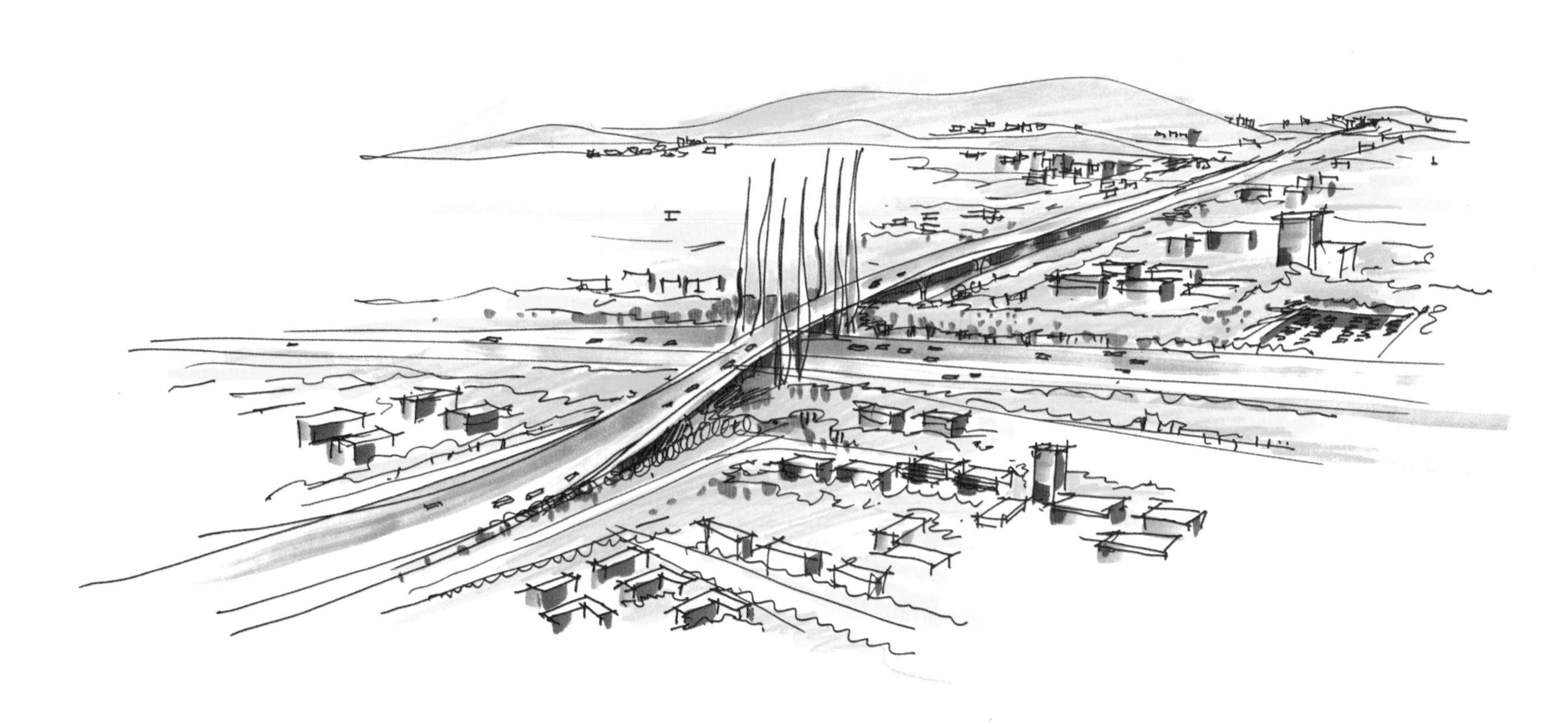

局部鸟瞰图3

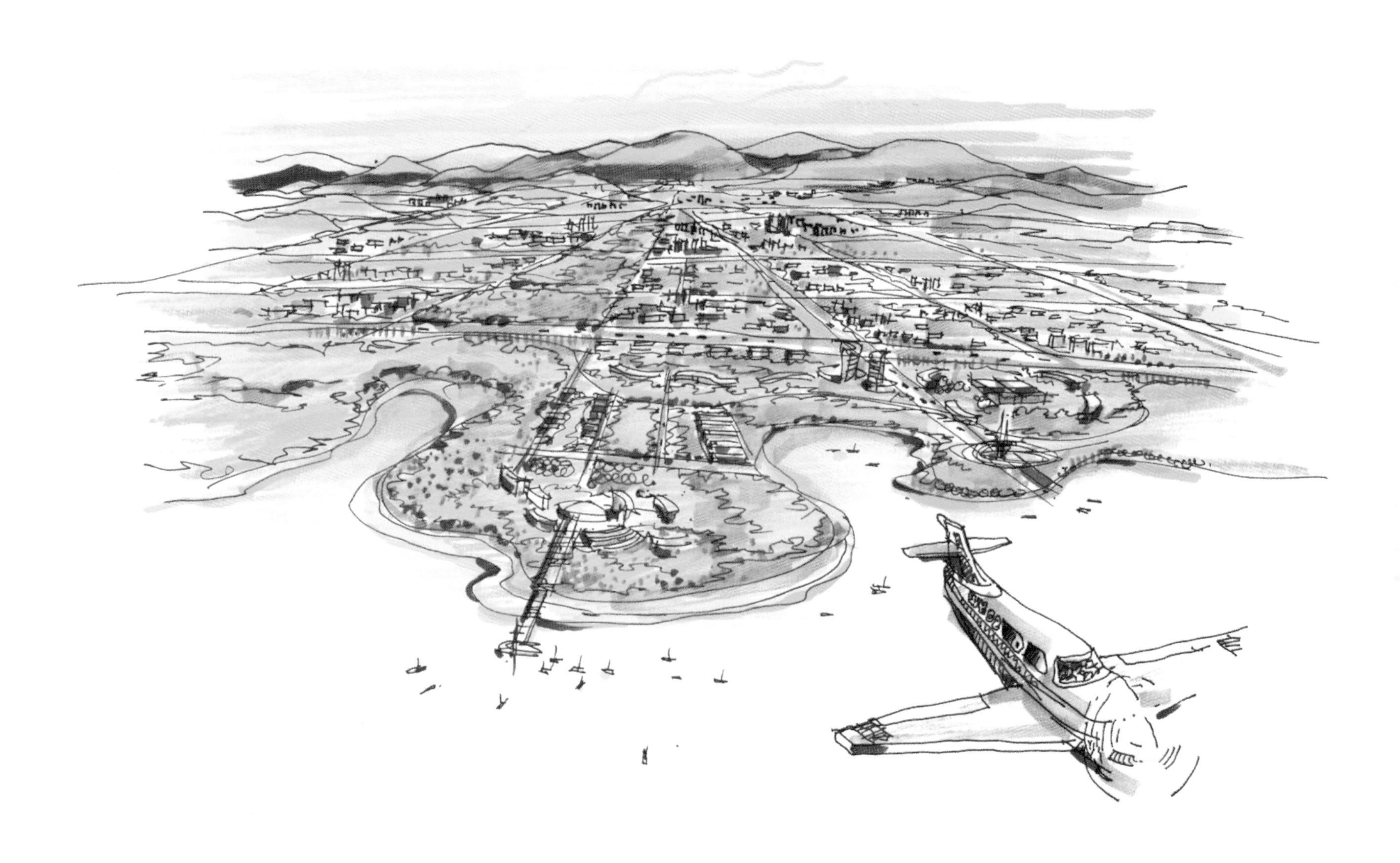

局部鸟瞰图4

局部鸟瞰图5

效果图

效果图

局部鸟瞰图6

剖面图

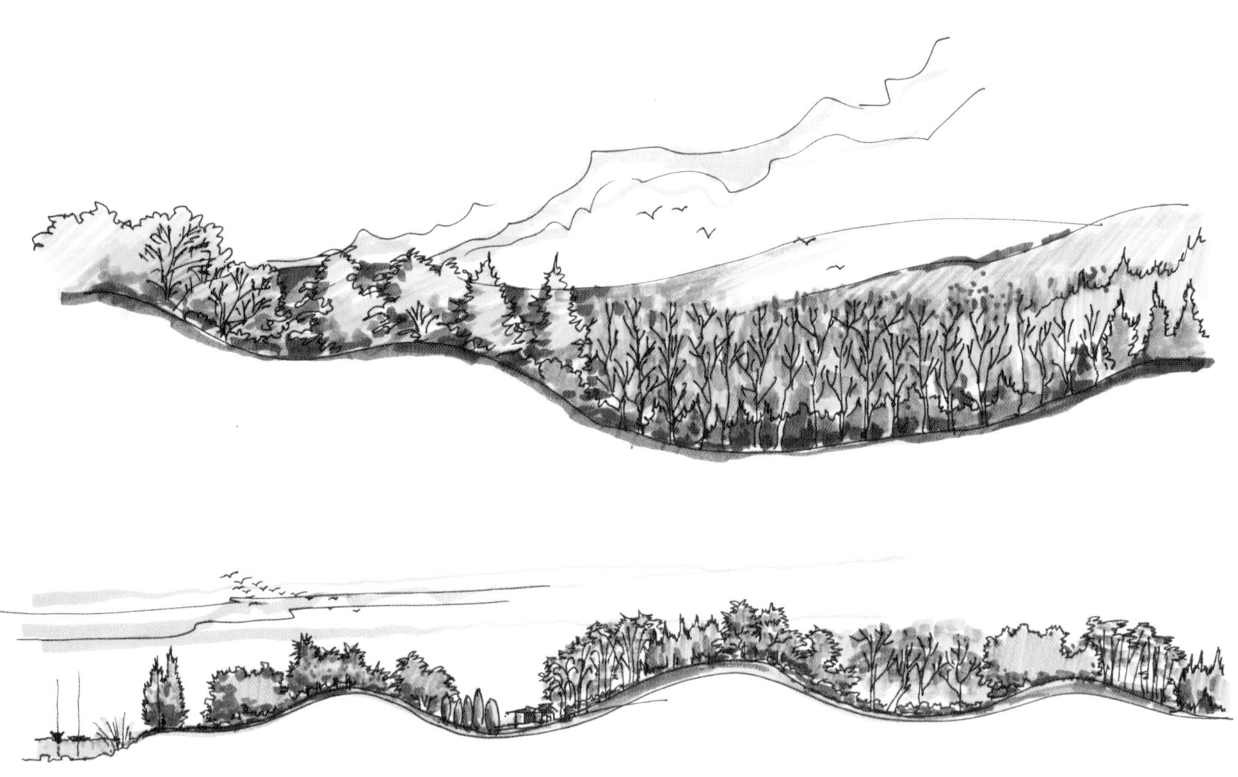

剖面图

剖面图

3.4 滨湖绿道

东湖是中国最大的城中湖。但是，市民与东湖并不亲近，由于交通流量过大，岸线局促且缺乏腹地和节点空间，市民不能舒适安全地享受东湖美景。而位于东湖边上的武汉大学，虽然拥有浓郁的人文和科研氛围，但却因为院墙和车流的阻隔而不能很好地同东湖互动。

东湖绿道的设计，打开东湖入口、激活校园空间是重中之重。设计中，在东湖与水果湖的入口设置一座跨湖步行桥，给市民提供一条全新的安全的景观步道，并沿武汉大学段设计公共开发空间，强化文化特色。同时，设计水工实验室、体育馆、半边山等节点空间，引导绿道与武汉大学的贯通，为市民提供更多的活动空间。

平面图

局部平面图

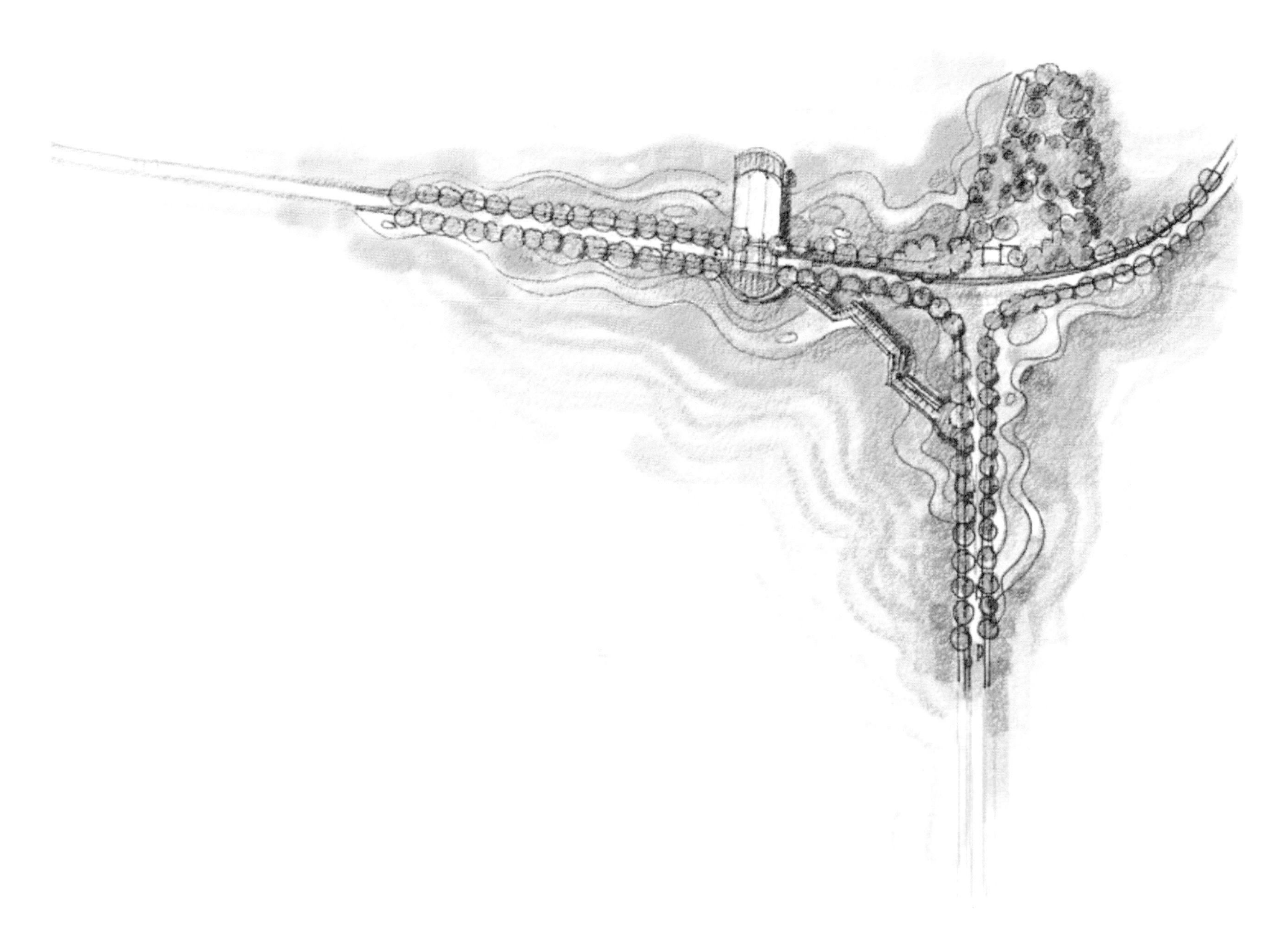

局部平面图

局部平面图

效果图

效果图

效果图

效果图

效果图

效果图

效果图

效果图

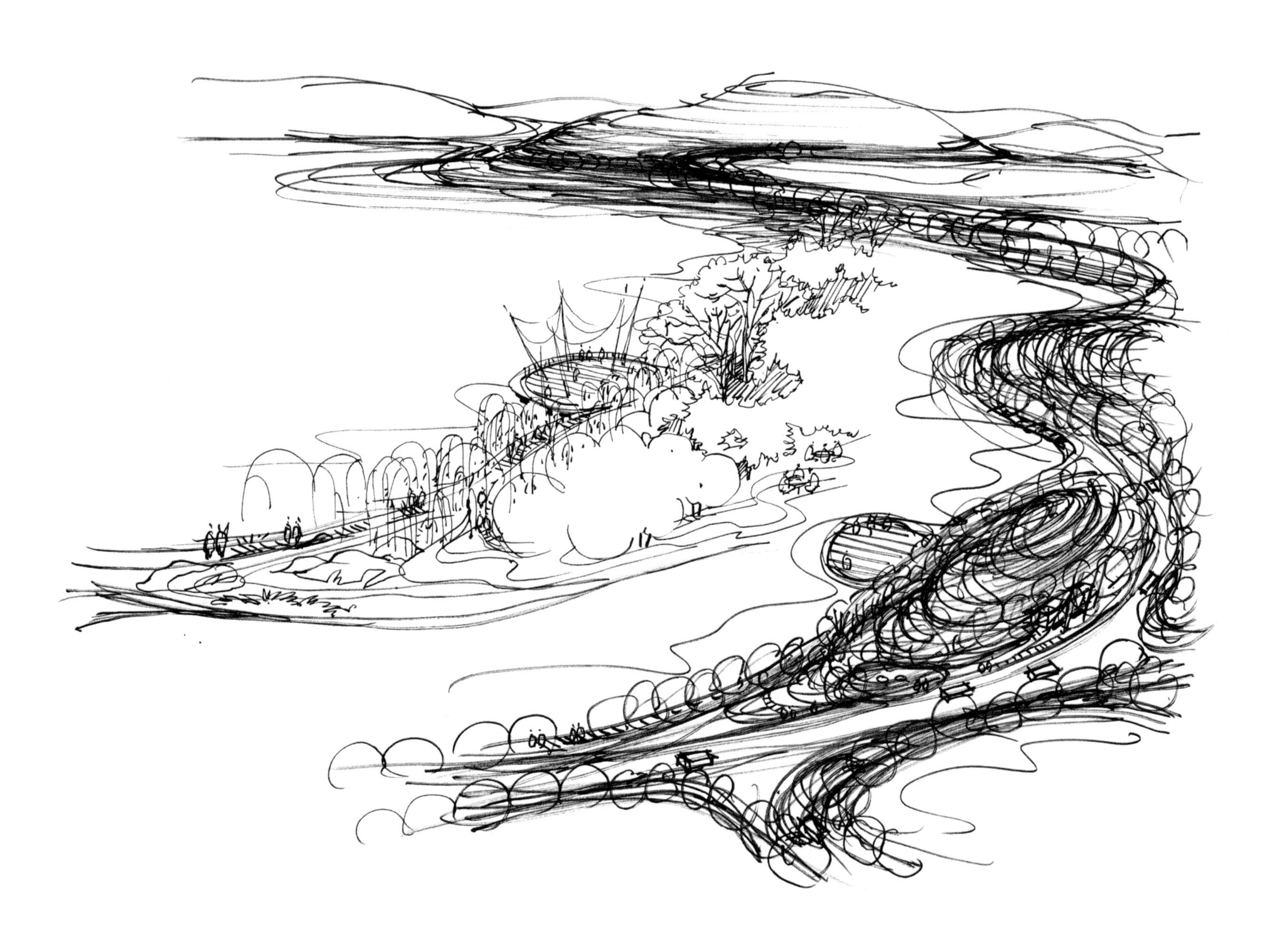

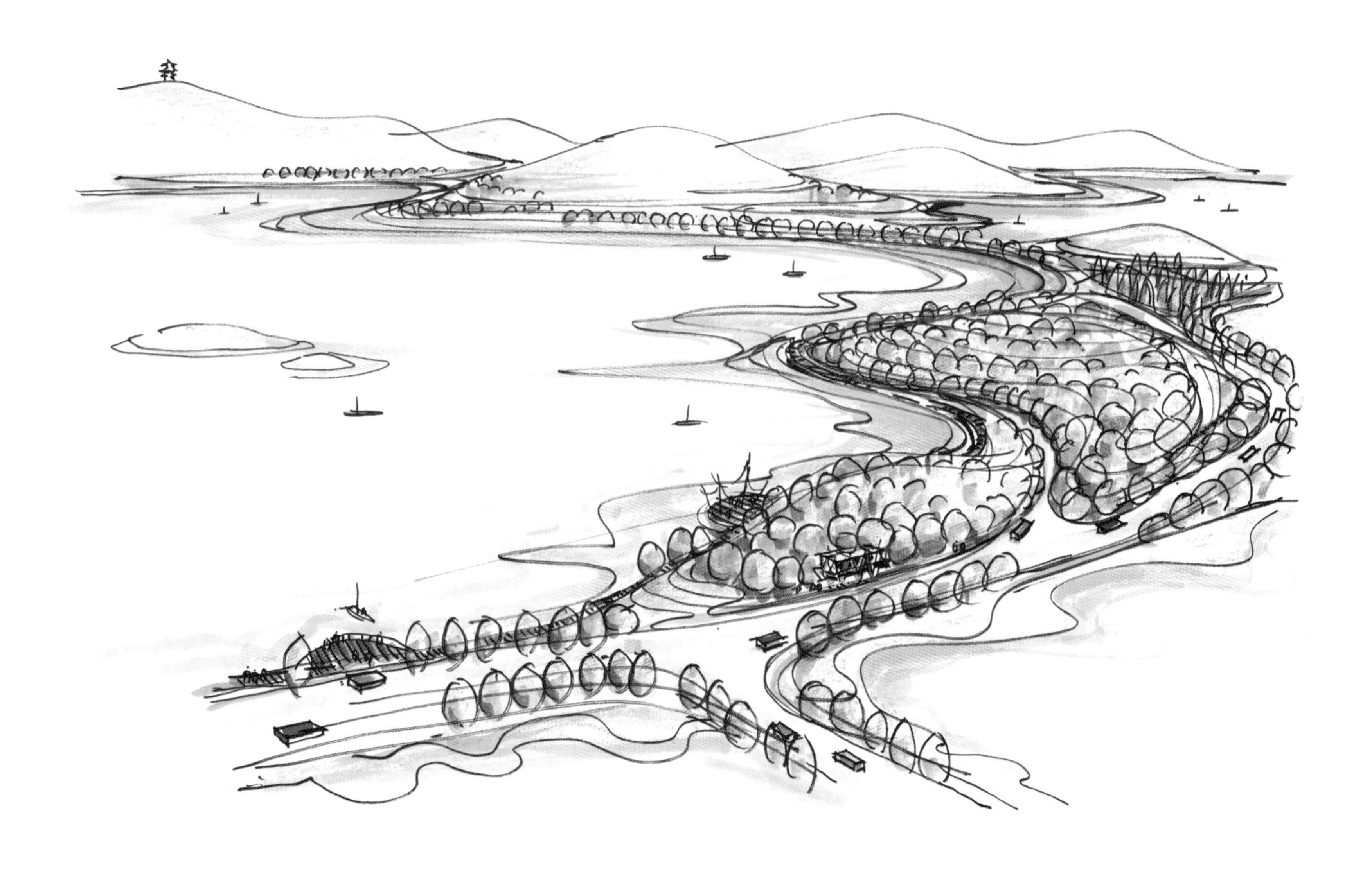

效果图

效果图

效果图

观景 休闲艺术茶亭

效果图

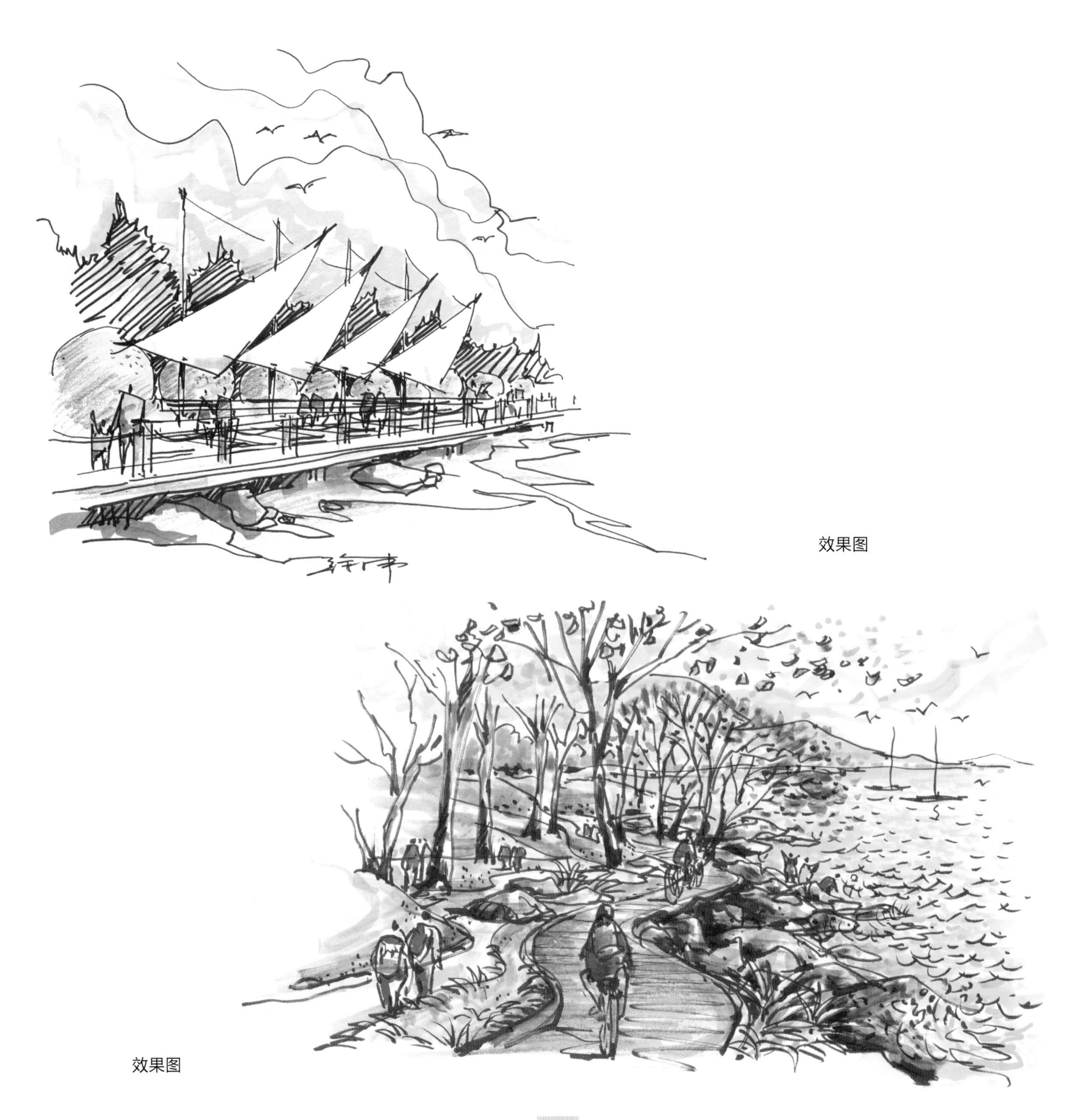

效果图

效果图

效果图

效果图

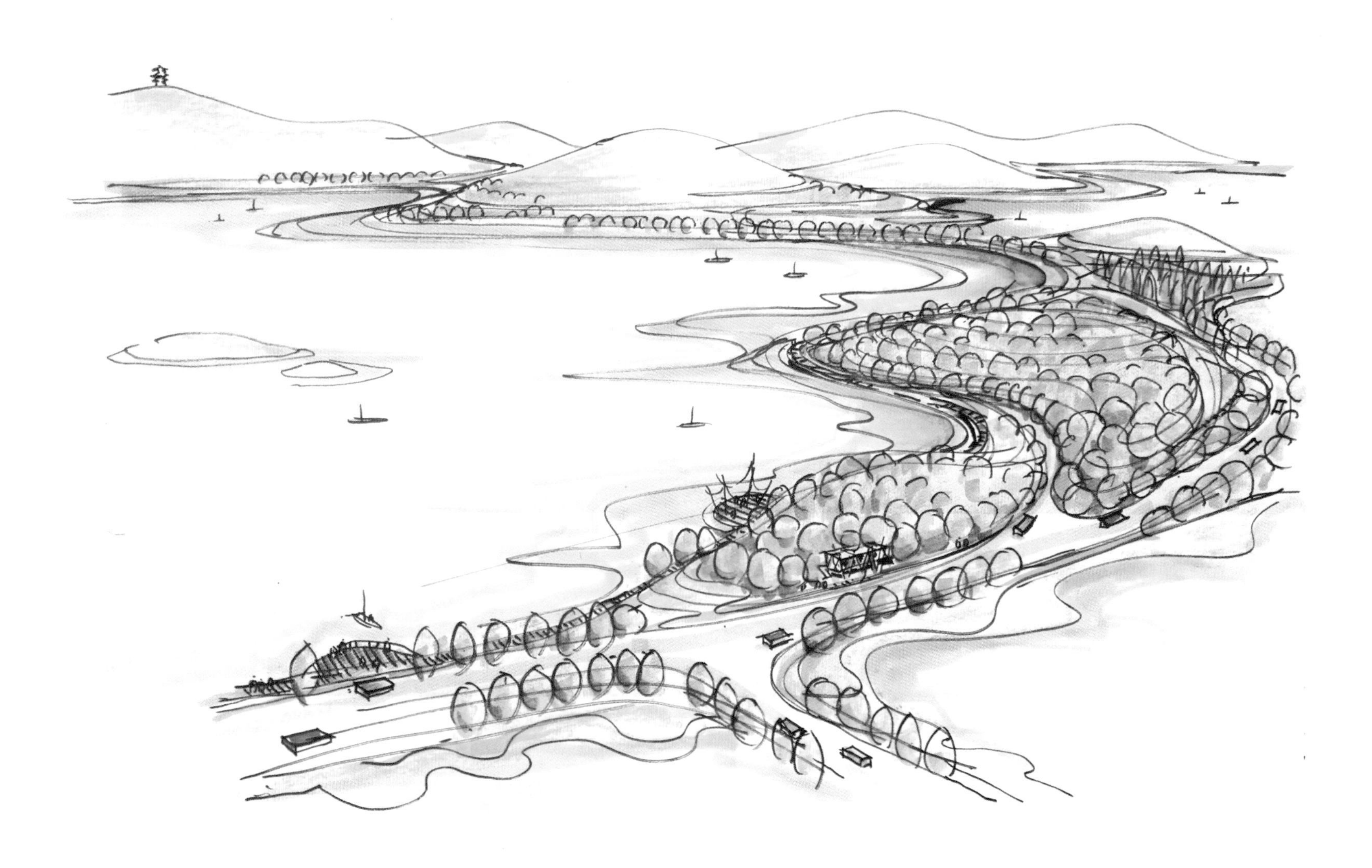

效果图

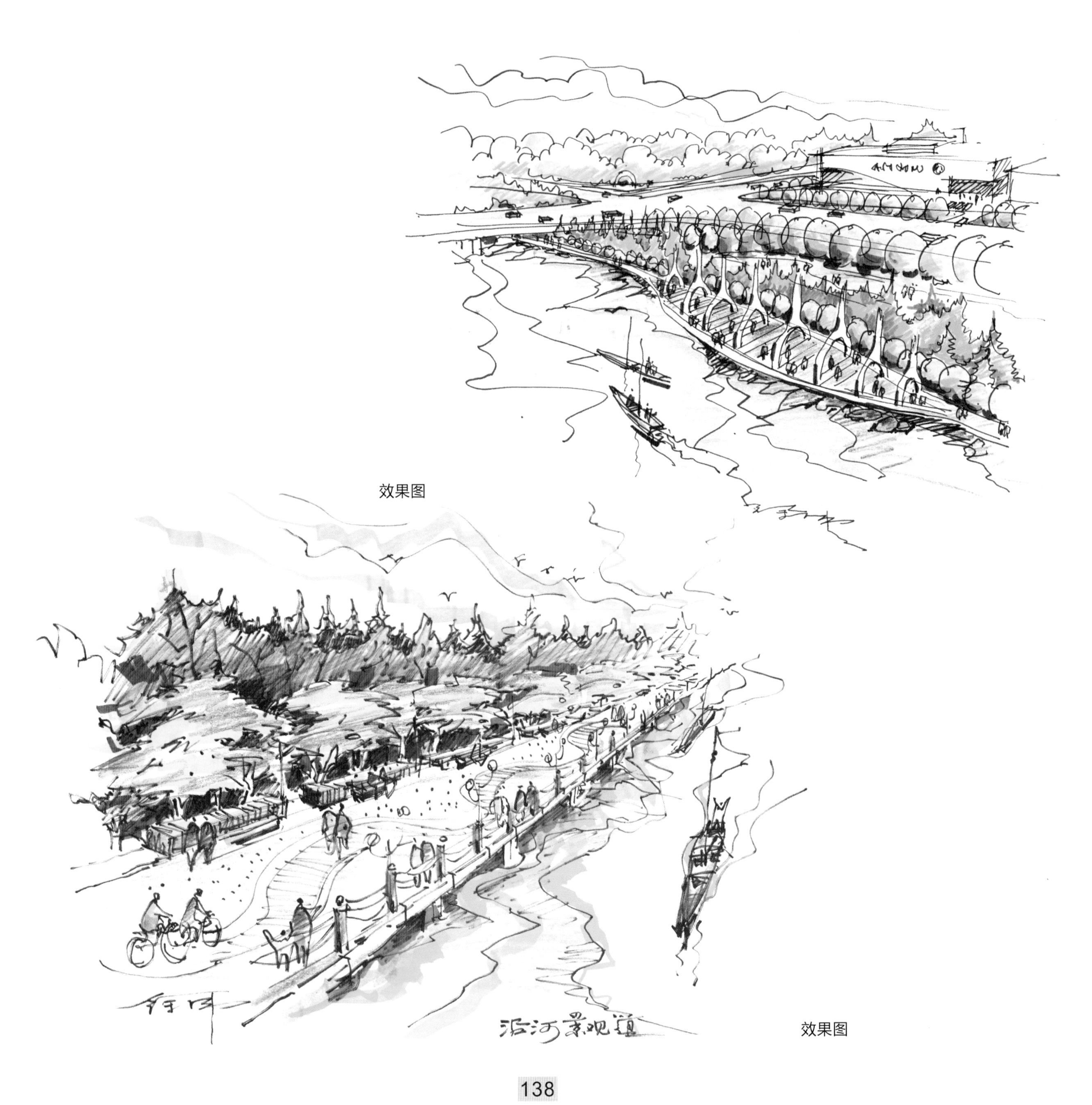

效果图

效果图

效果图

效果图

效果图

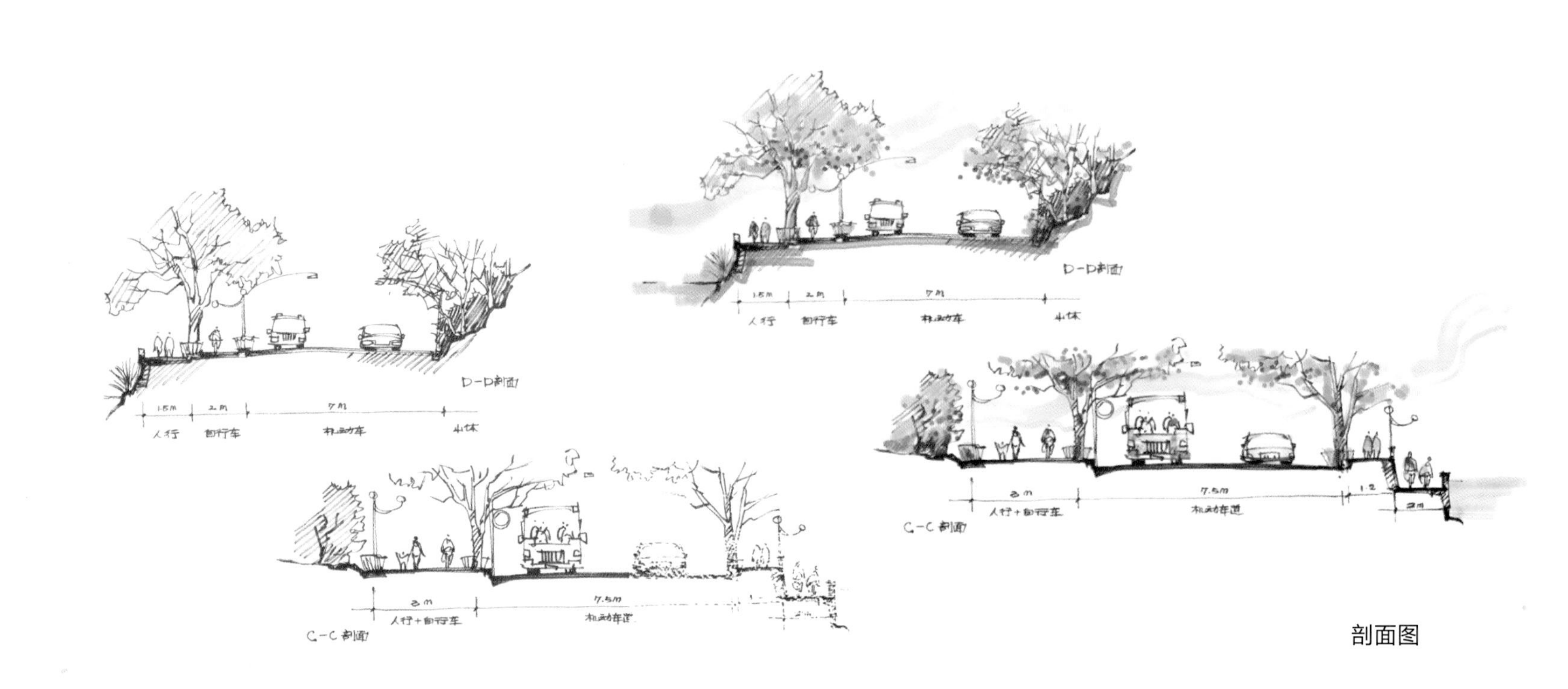

剖面图

效果图

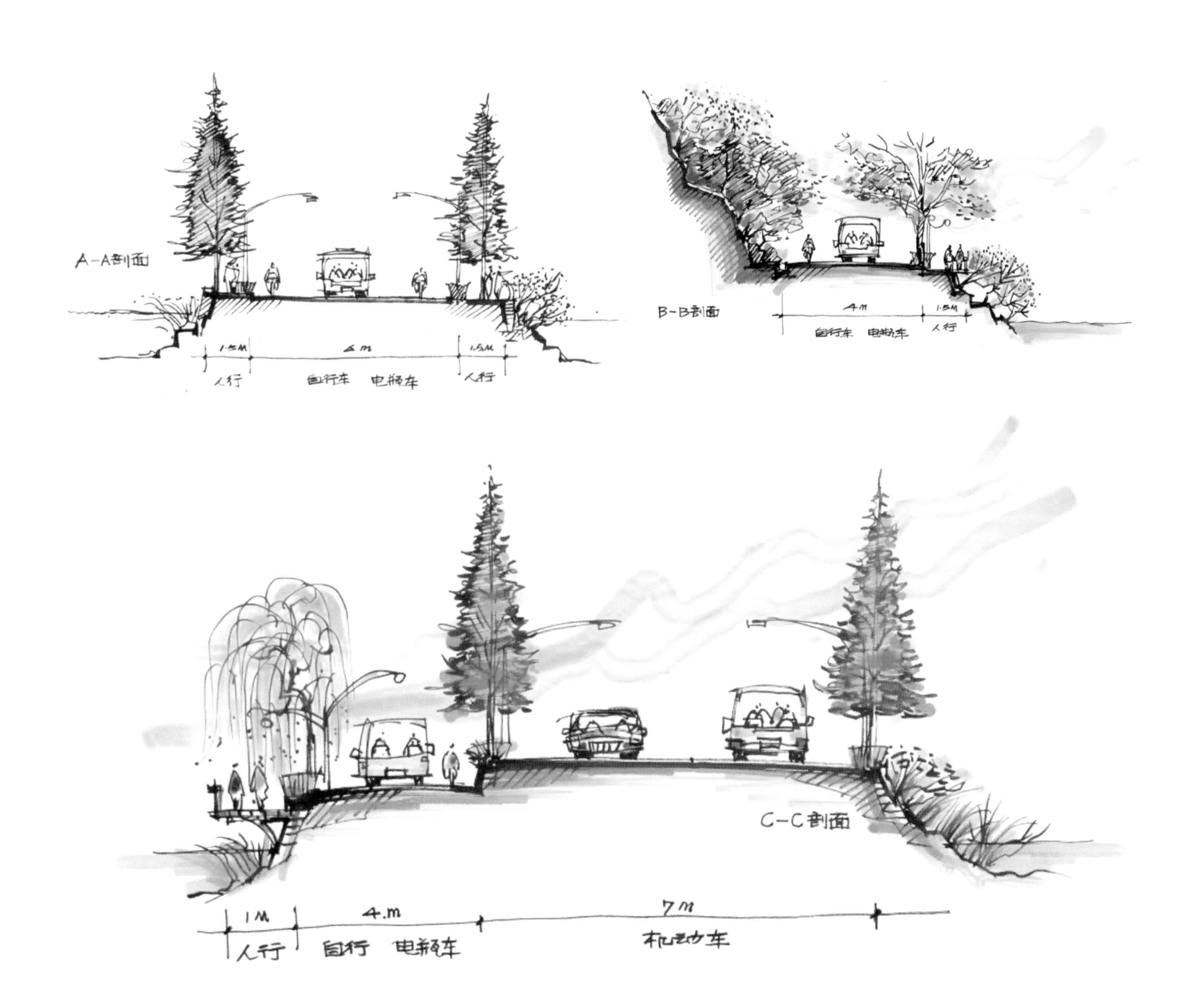
A-A剖面
1.5M
6m
1.5M
人行
自行车 电瓶车
人行
B-B剖面
4m
1.5M
自行车 电瓶车
人行
C-C剖面
1M
4.m
7M
人行
自行 电瓶车
机动车

剖面图

剖面图

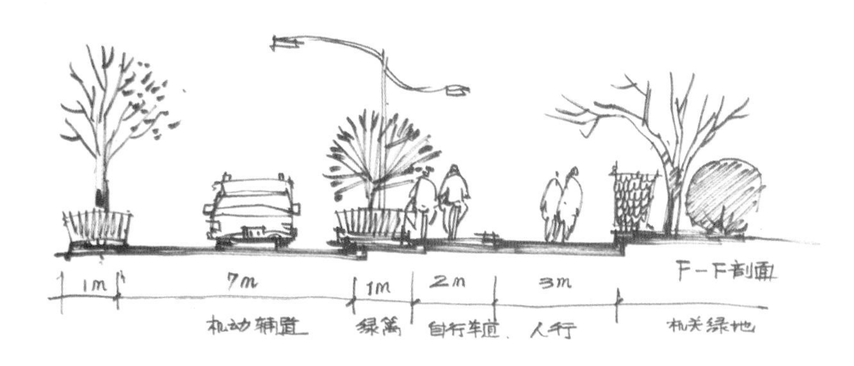
1m
7m
1m
2m
3m
F-F剖面
机动辅道
绿篱
自行车道
人行
机关绿地

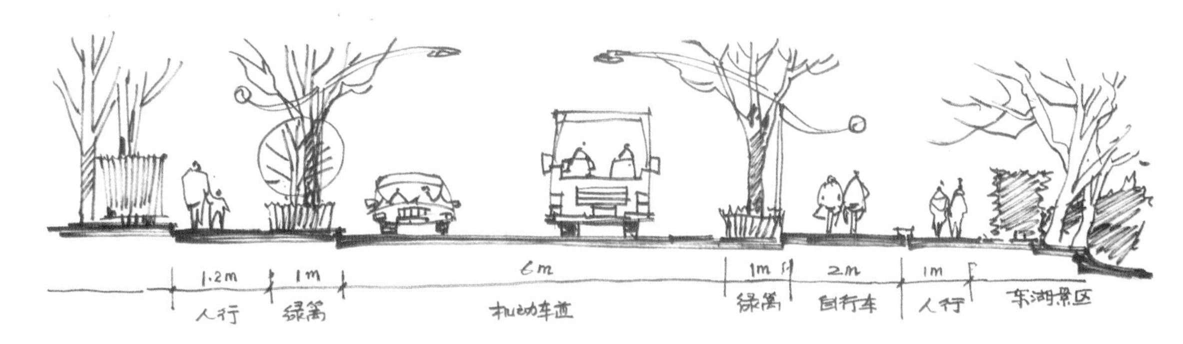
1.2m
1m
6m
1m
2m
1m
人行
绿篱
机动车道
绿篱
自行车
人行
东湖景区

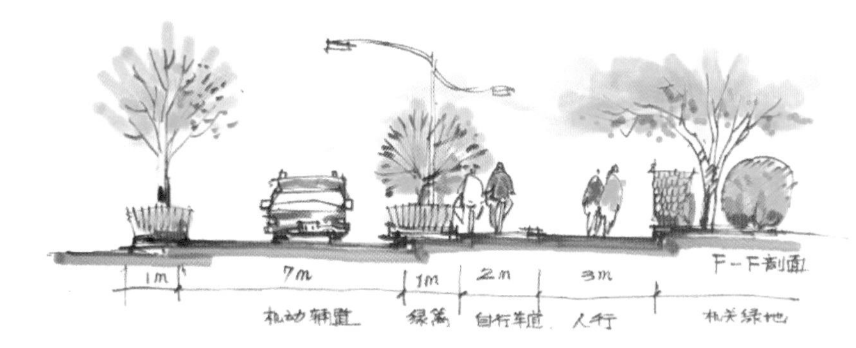
1m
7m
1m
2m
3m
F-F剖面
机动辅道
绿篱
自行车道
人行
机关绿地

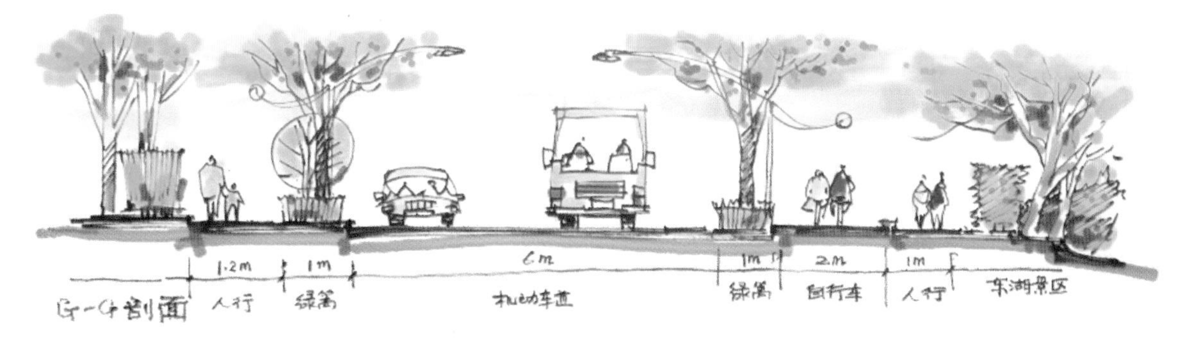
1.2m
1m
6m
1m
2m
1m
G-G剖面
人行
绿篱
机动车道
绿篱
自行车
人行
东湖景区

剖面图

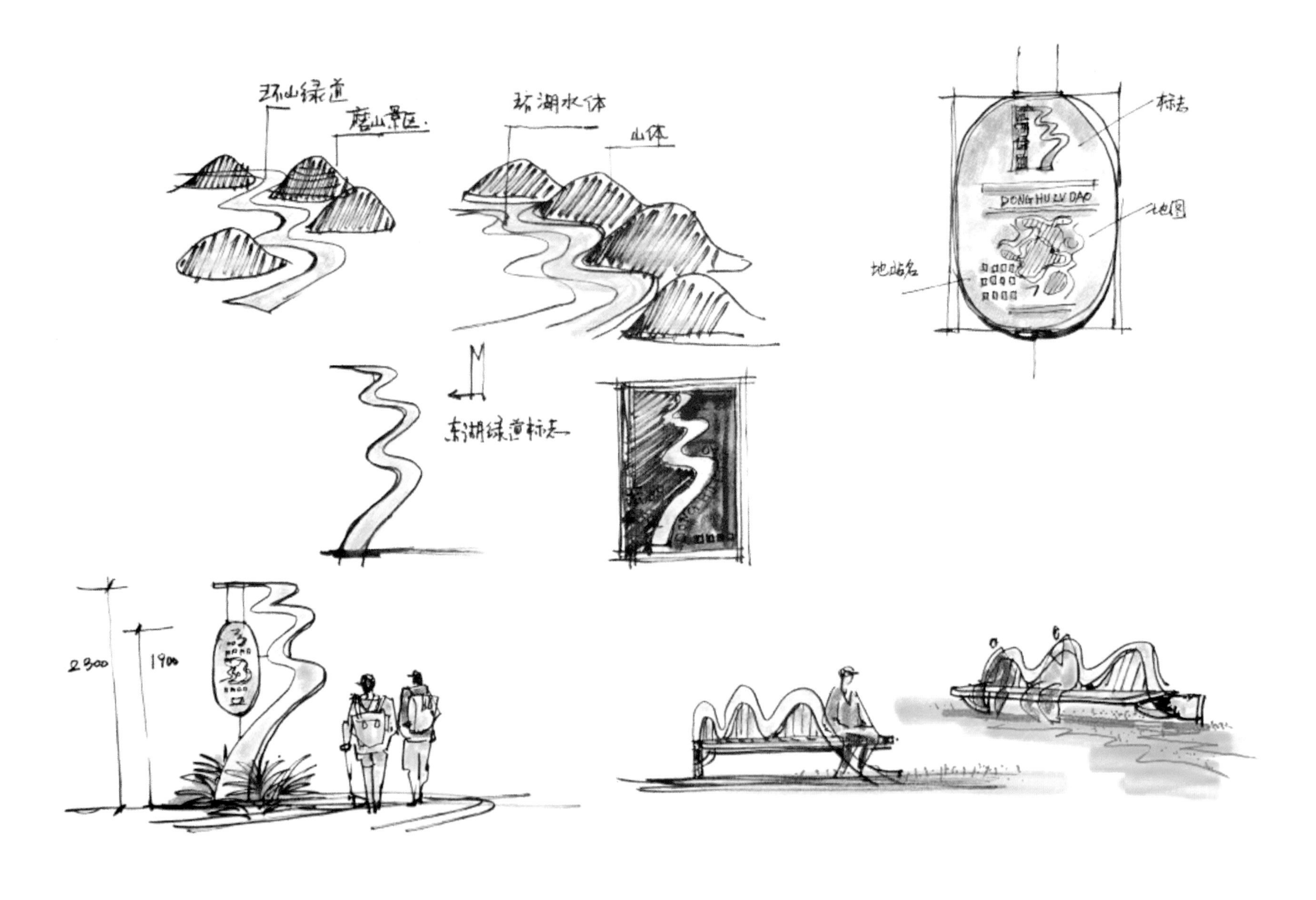

小品意向图

小品意向图

3.5 桥梁设计

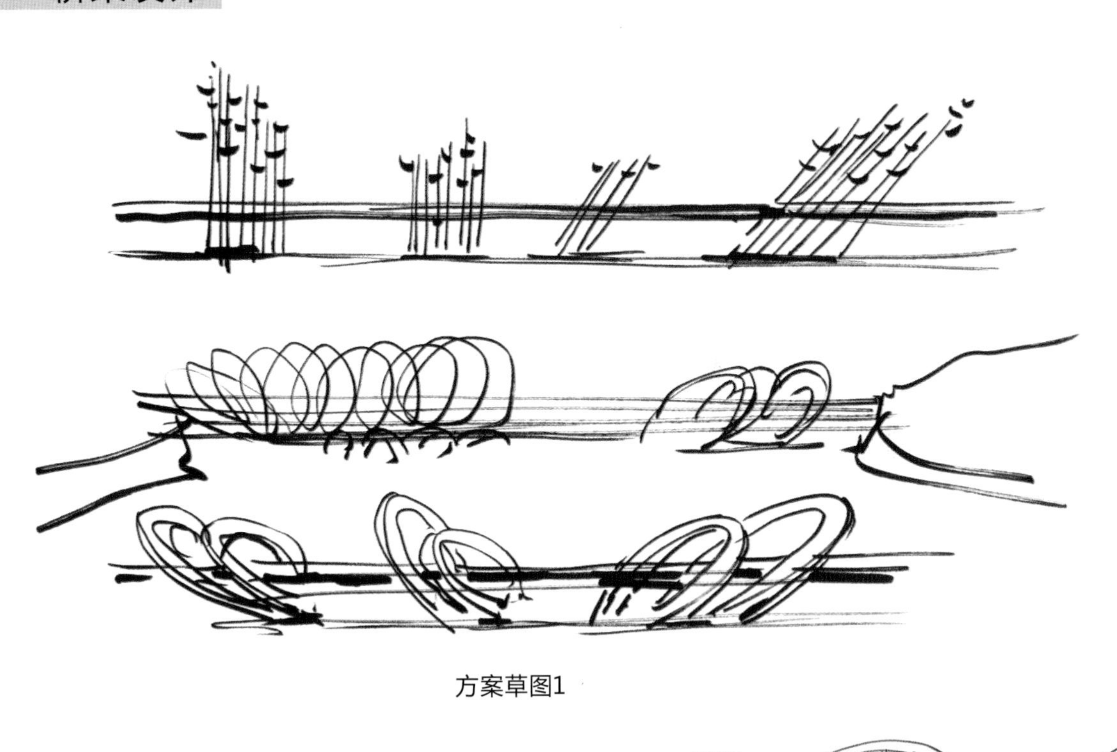

本项目位于中原地区某地级市的河流景观带，桥梁连通该市重要的交通要道，要求满足人车通行，并且要具备良好的观赏效果，可成为该市的地标性建筑。

方案草图1

在对项目背景进行充分的了解后，勾绘了多个草图方案。

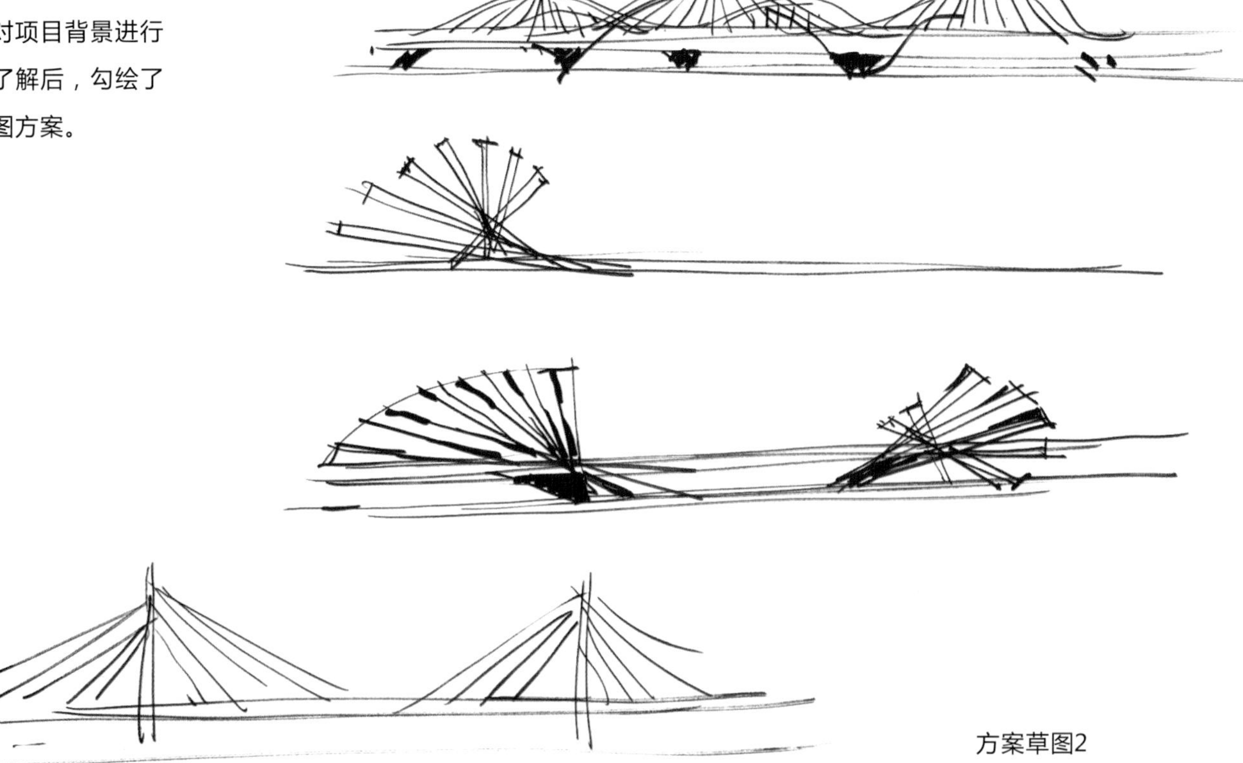

方案草图2

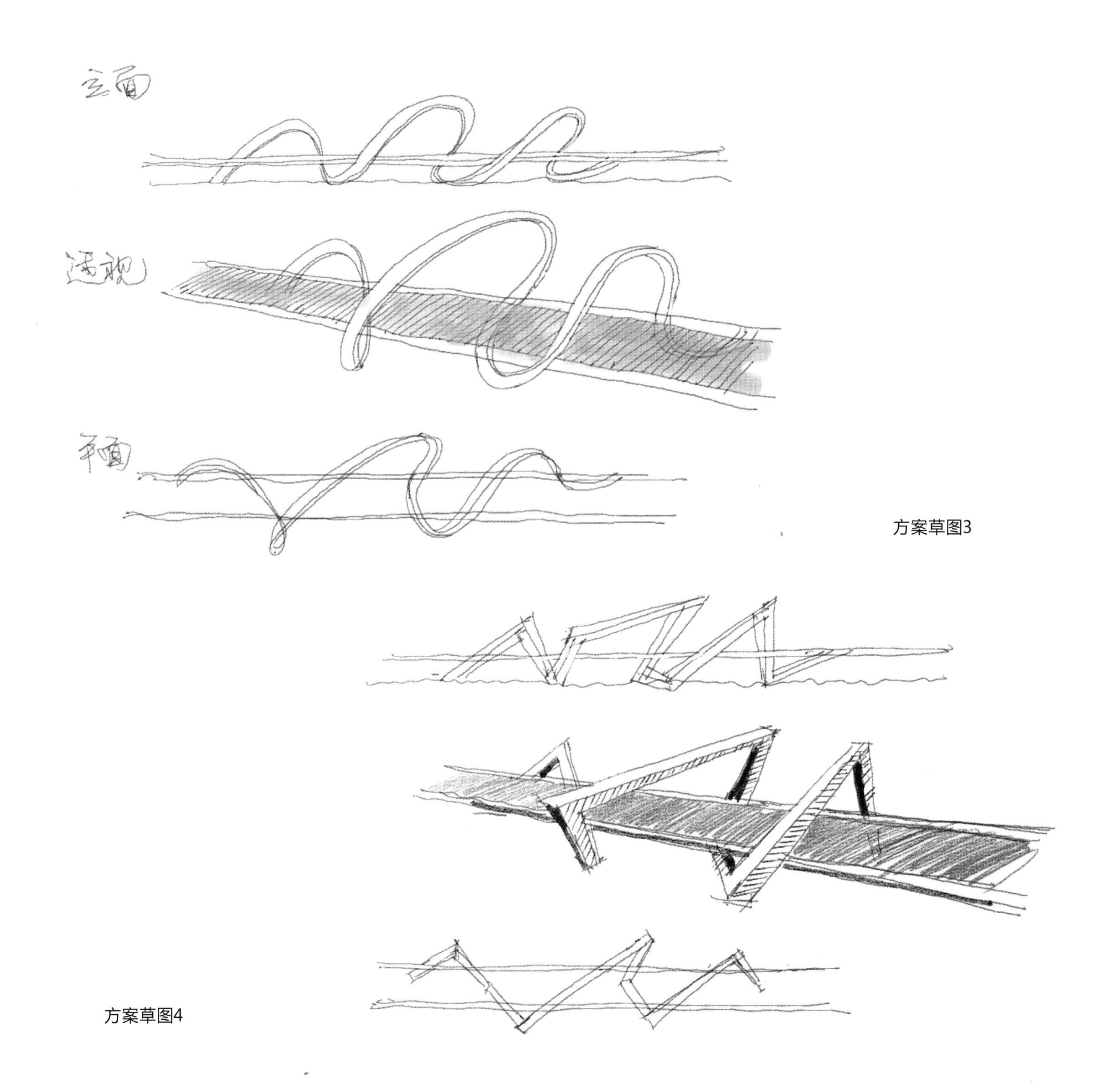

方案草图3

方案草图4

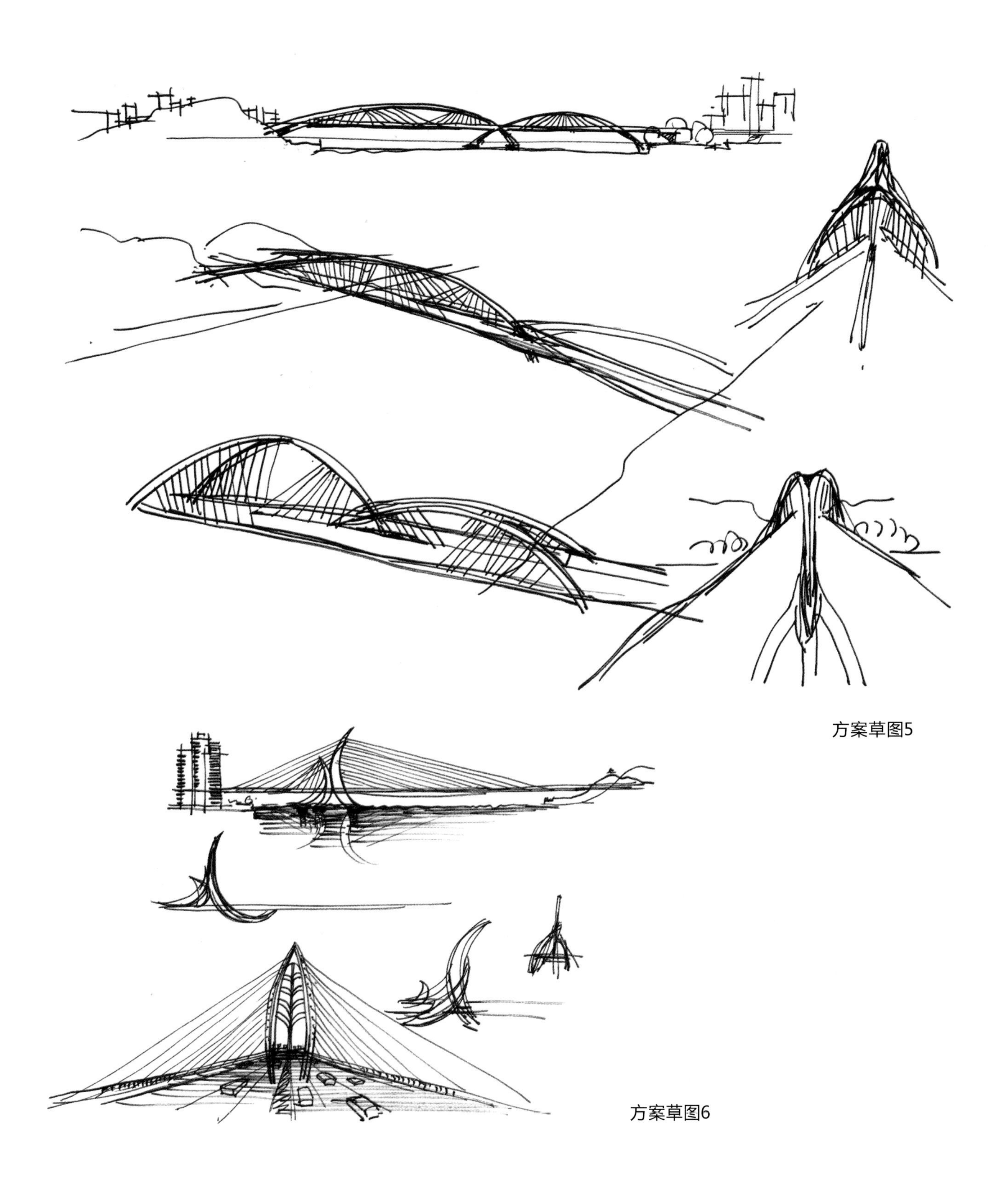
方案草图5

方案草图6

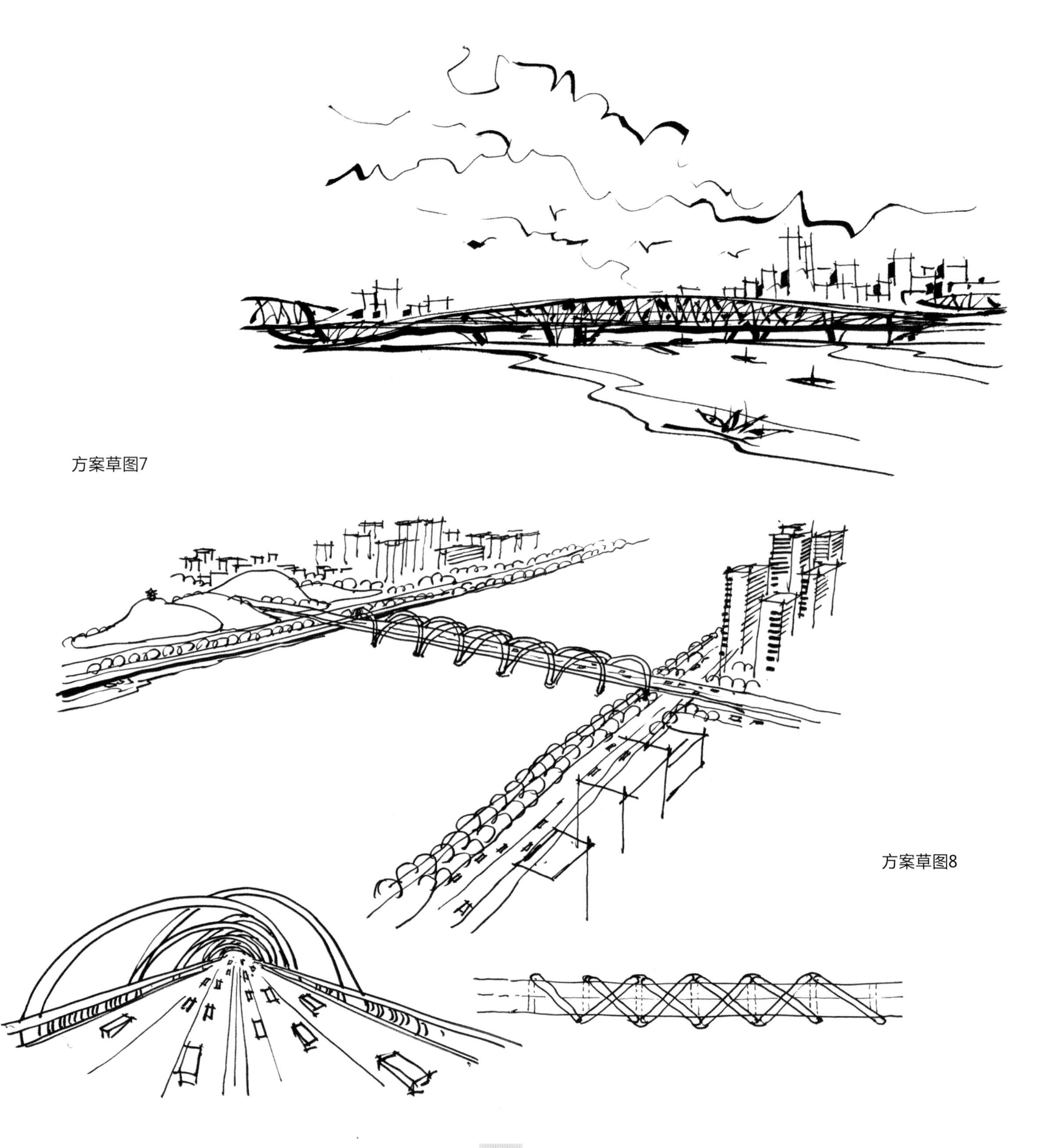

方案草图7

方案草图8

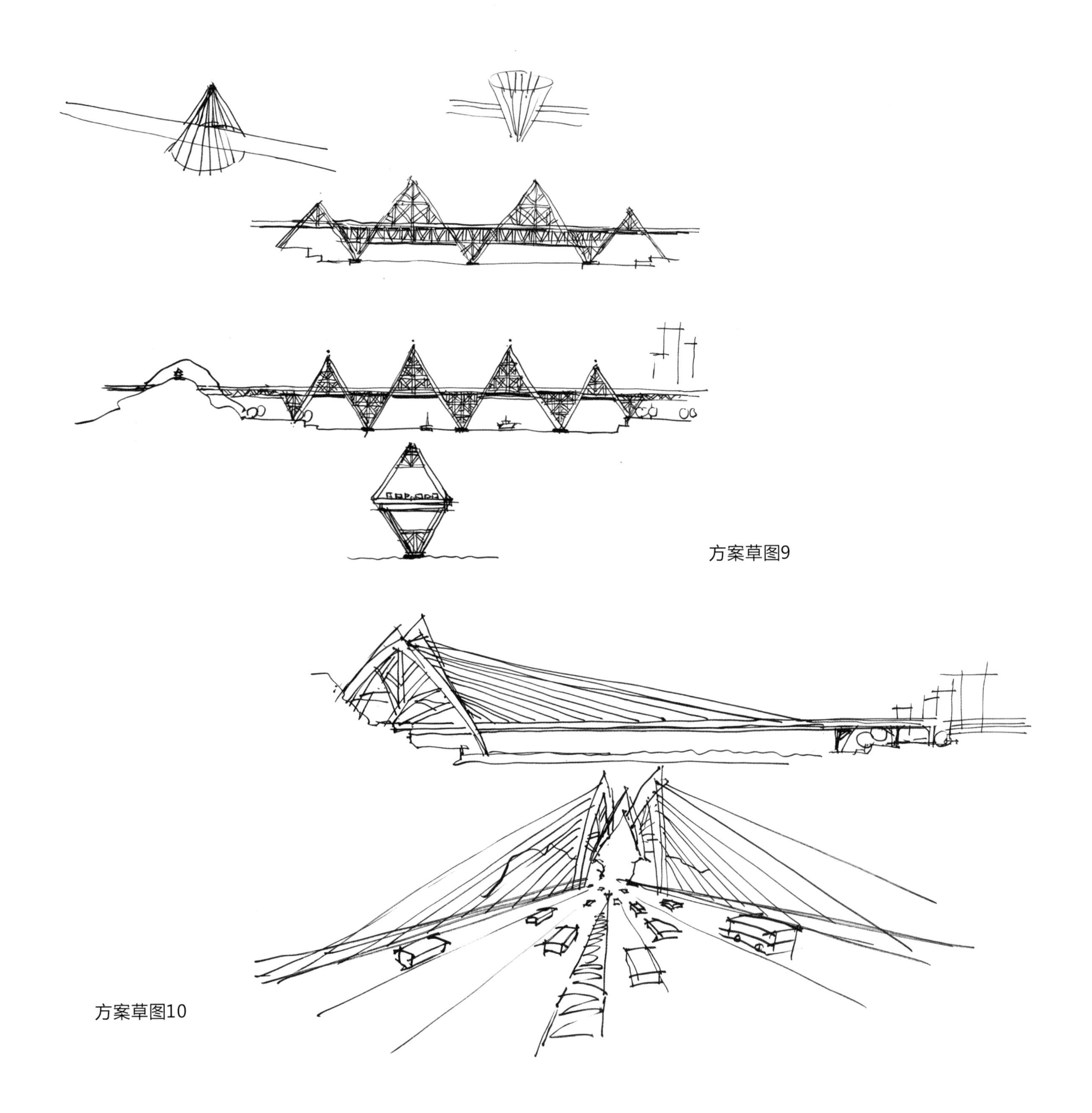

方案草图9

方案草图10

深化方案1

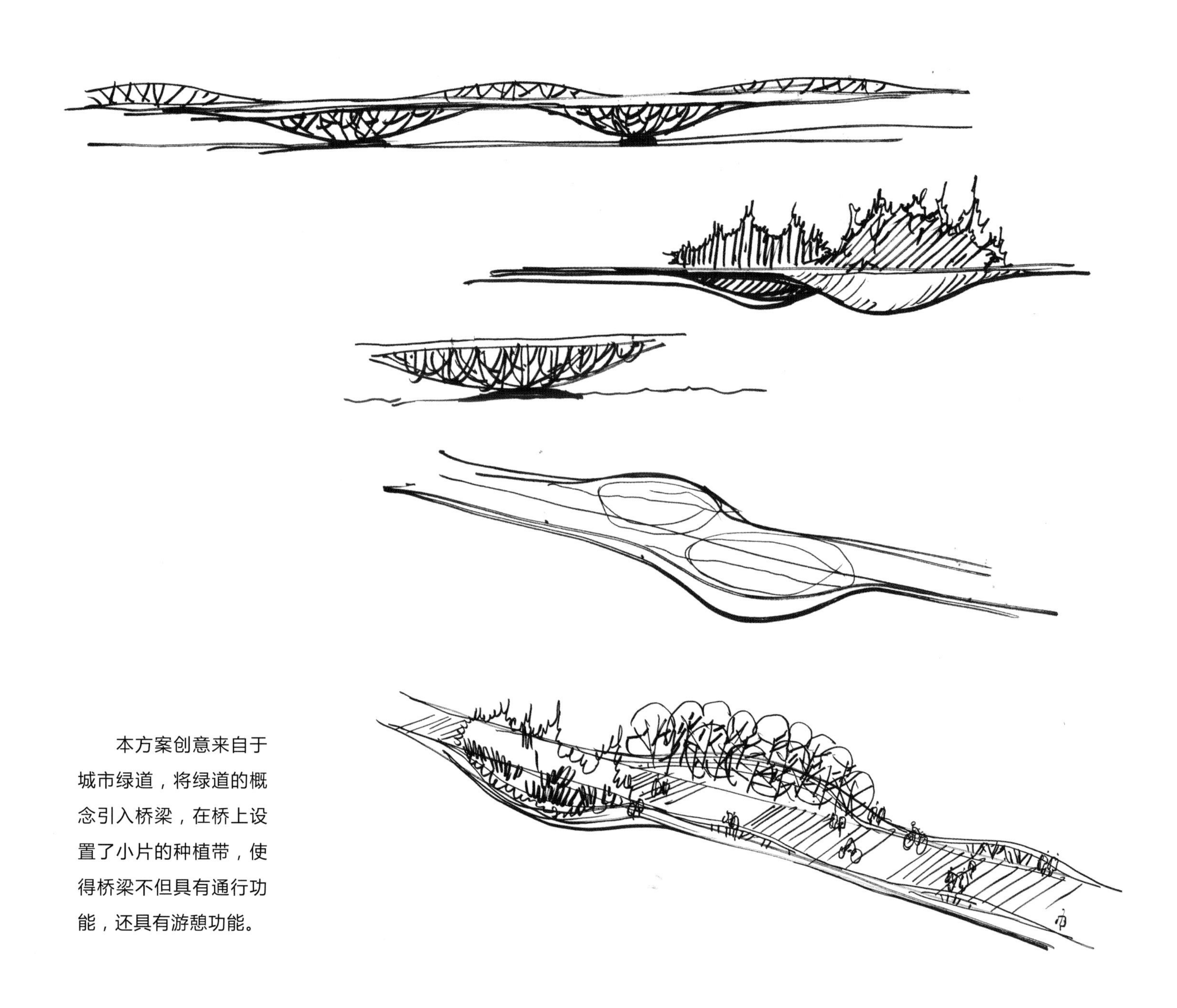

本方案创意来自于城市绿道，将绿道的概念引入桥梁，在桥上设置了小片的种植带，使得桥梁不但具有通行功能，还具有游憩功能。

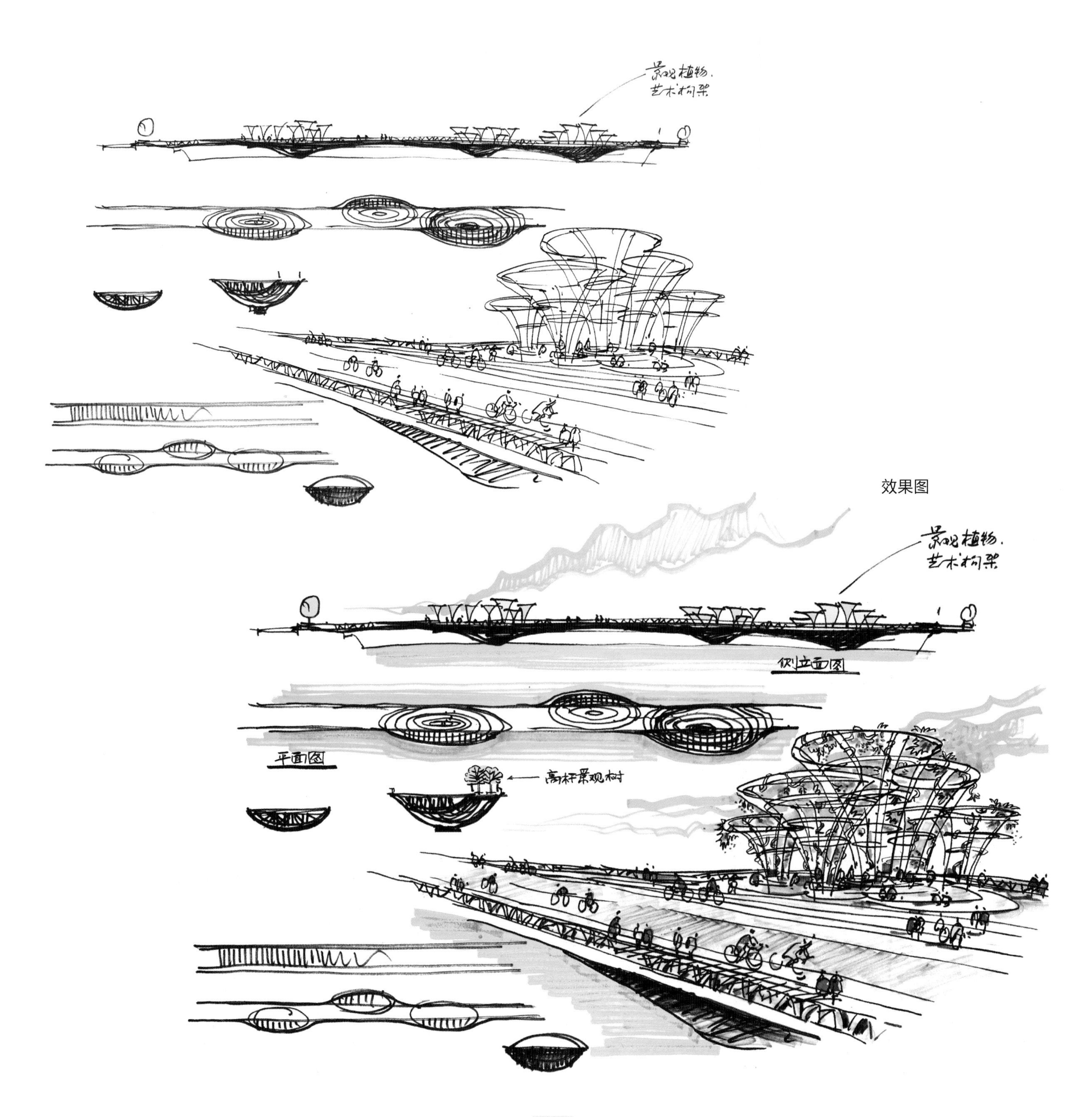

效果图

深化方案2

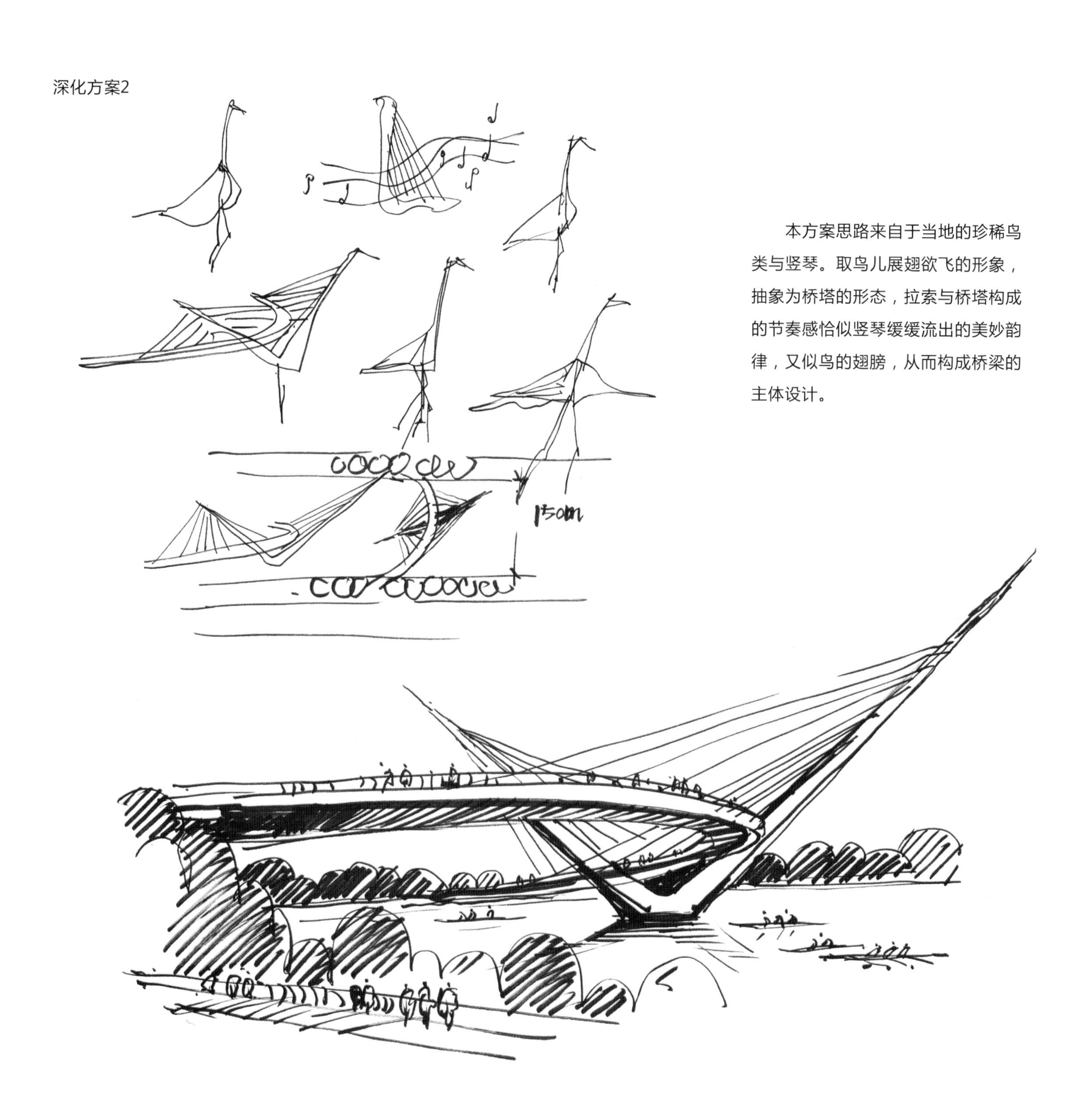

本方案思路来自于当地的珍稀鸟类与竖琴。取鸟儿展翅欲飞的形象，抽象为桥塔的形态，拉索与桥塔构成的节奏感恰似竖琴缓缓流出的美妙韵律，又似鸟的翅膀，从而构成桥梁的主体设计。

深化方案3

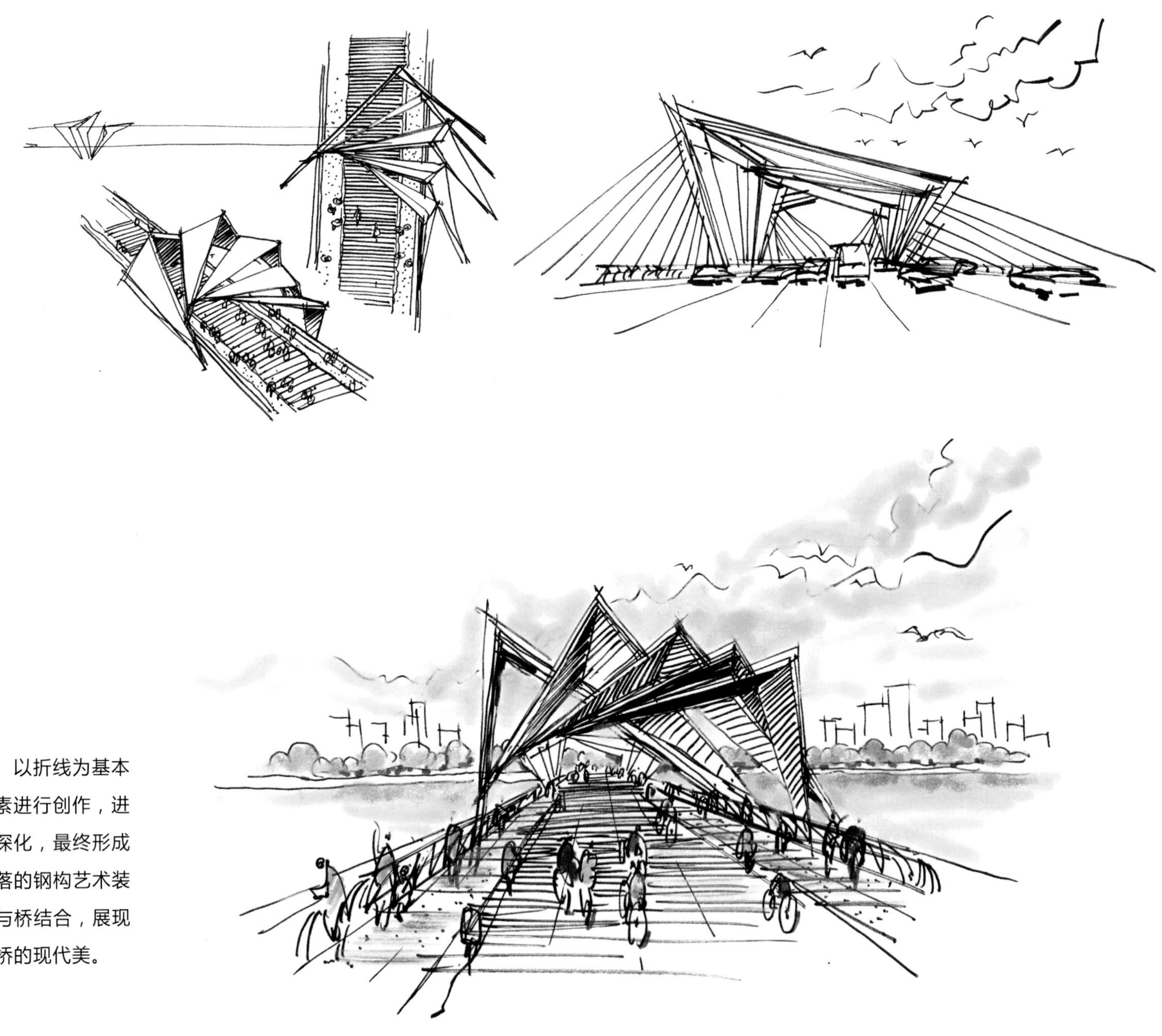

以折线为基本元素进行创作，进行深化，最终形成错落的钢构艺术装饰与桥结合，展现出桥的现代美。

深化方案4

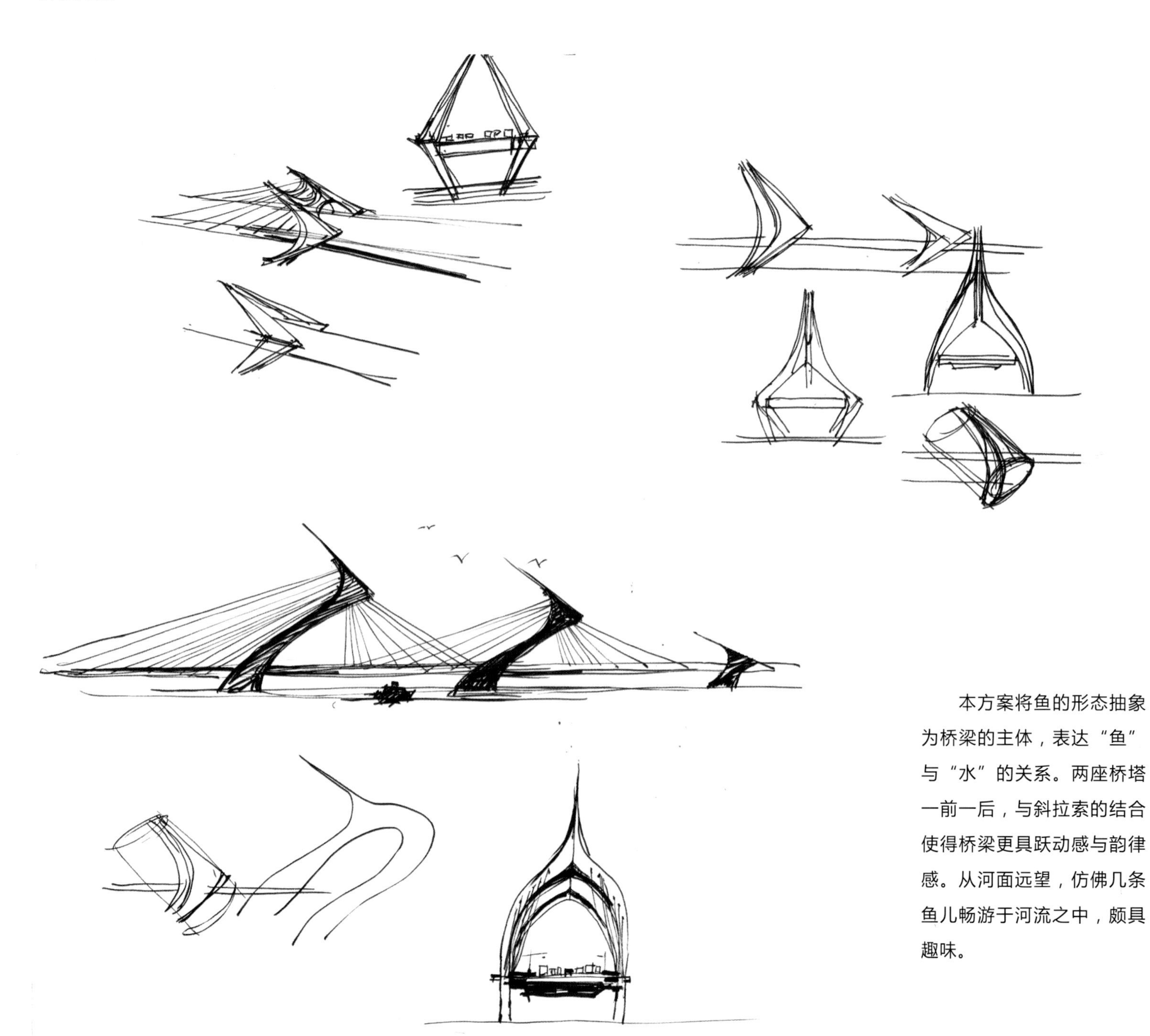

本方案将鱼的形态抽象为桥梁的主体，表达“鱼”与“水”的关系。两座桥塔一前一后，与斜拉索的结合使得桥梁更具跃动感与韵律感。从河面远望，仿佛几条鱼儿畅游于河流之中，颇具趣味。

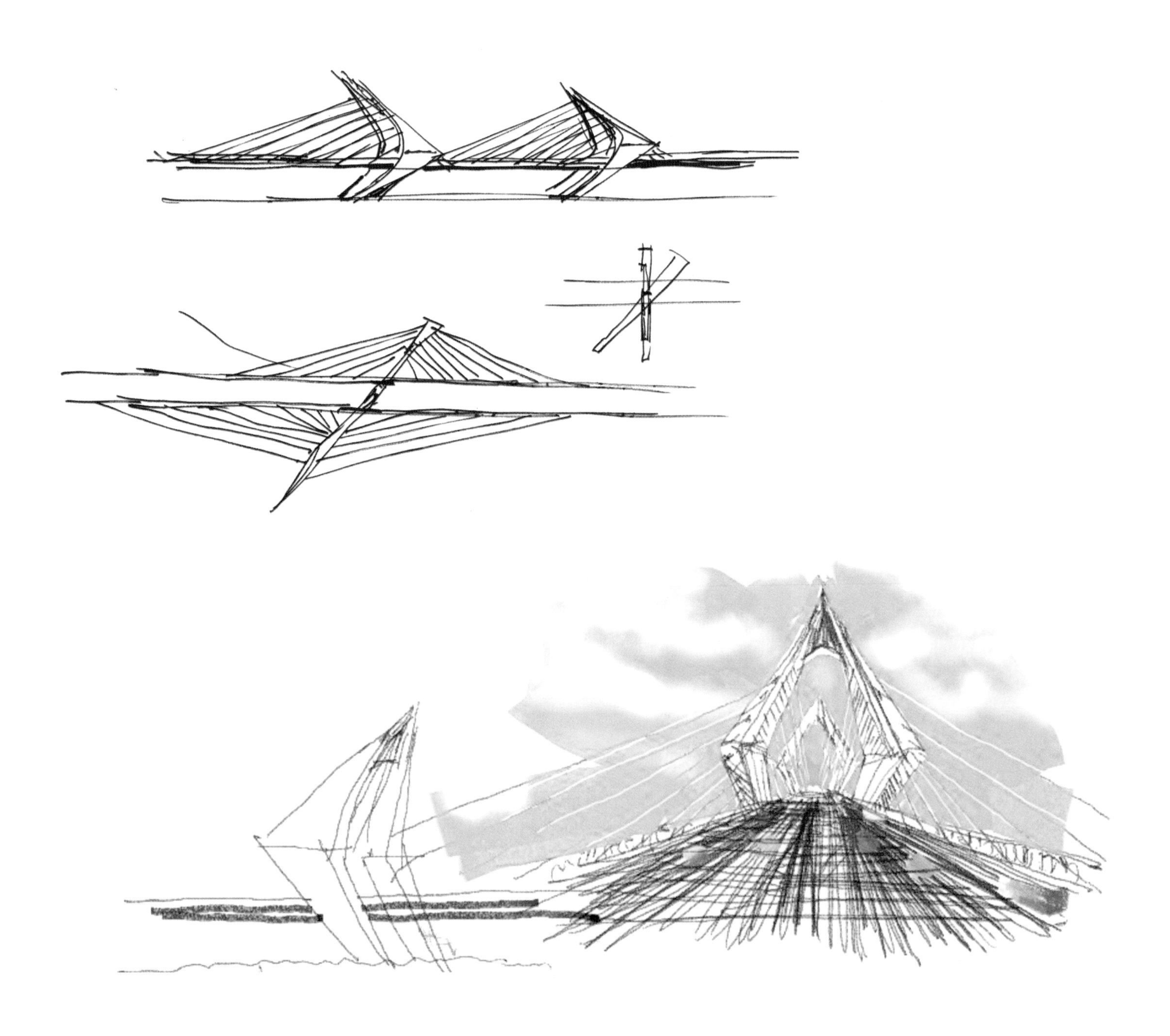

深化方案5

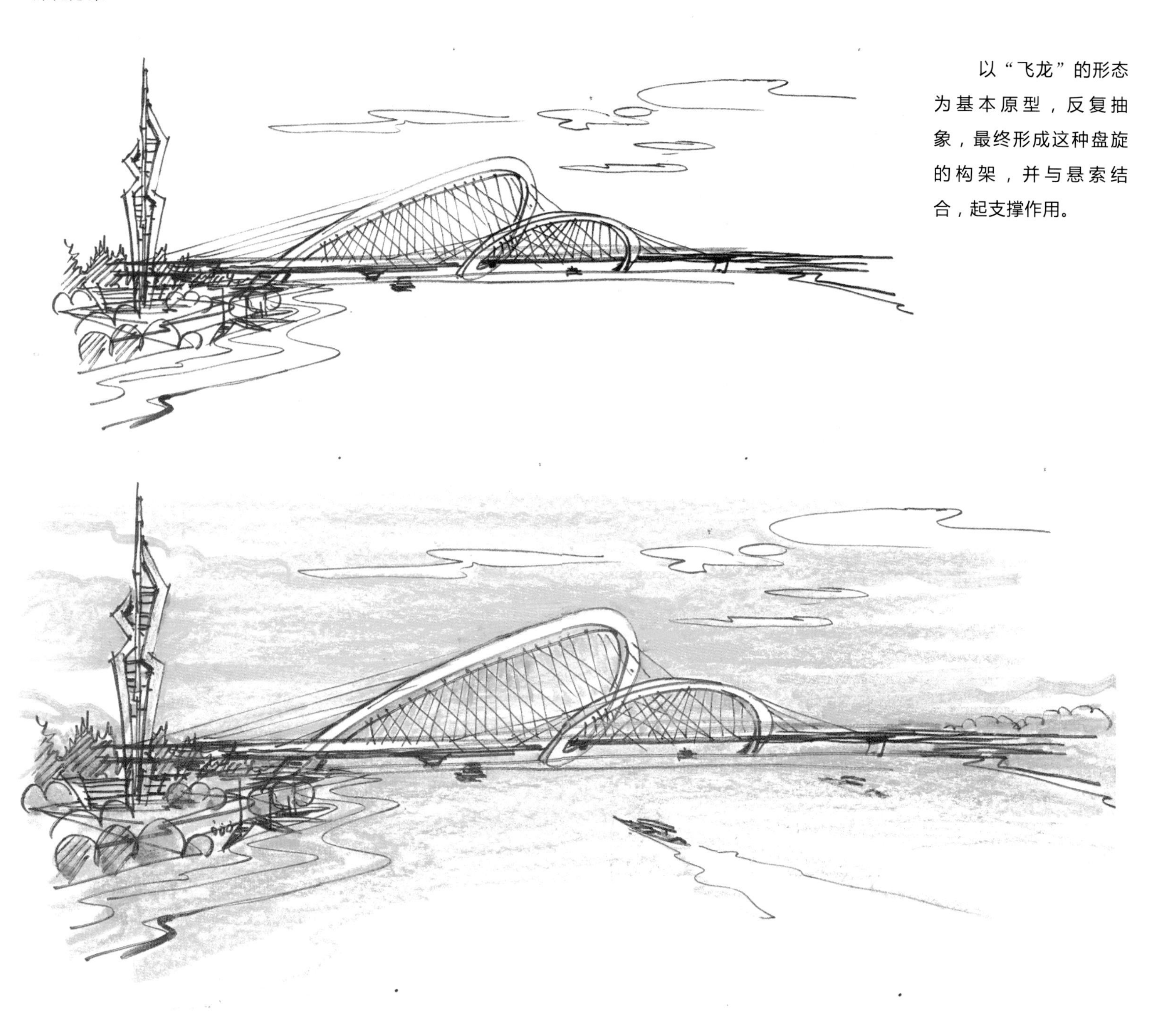

以“飞龙”的形态为基本原型，反复抽象，最终形成这种盘旋的构架，并与悬索结合，起支撑作用。

深化方案6

使用富有节奏感与韵律感的镂空钢构作为桥体，使其具有优美的景观效果。

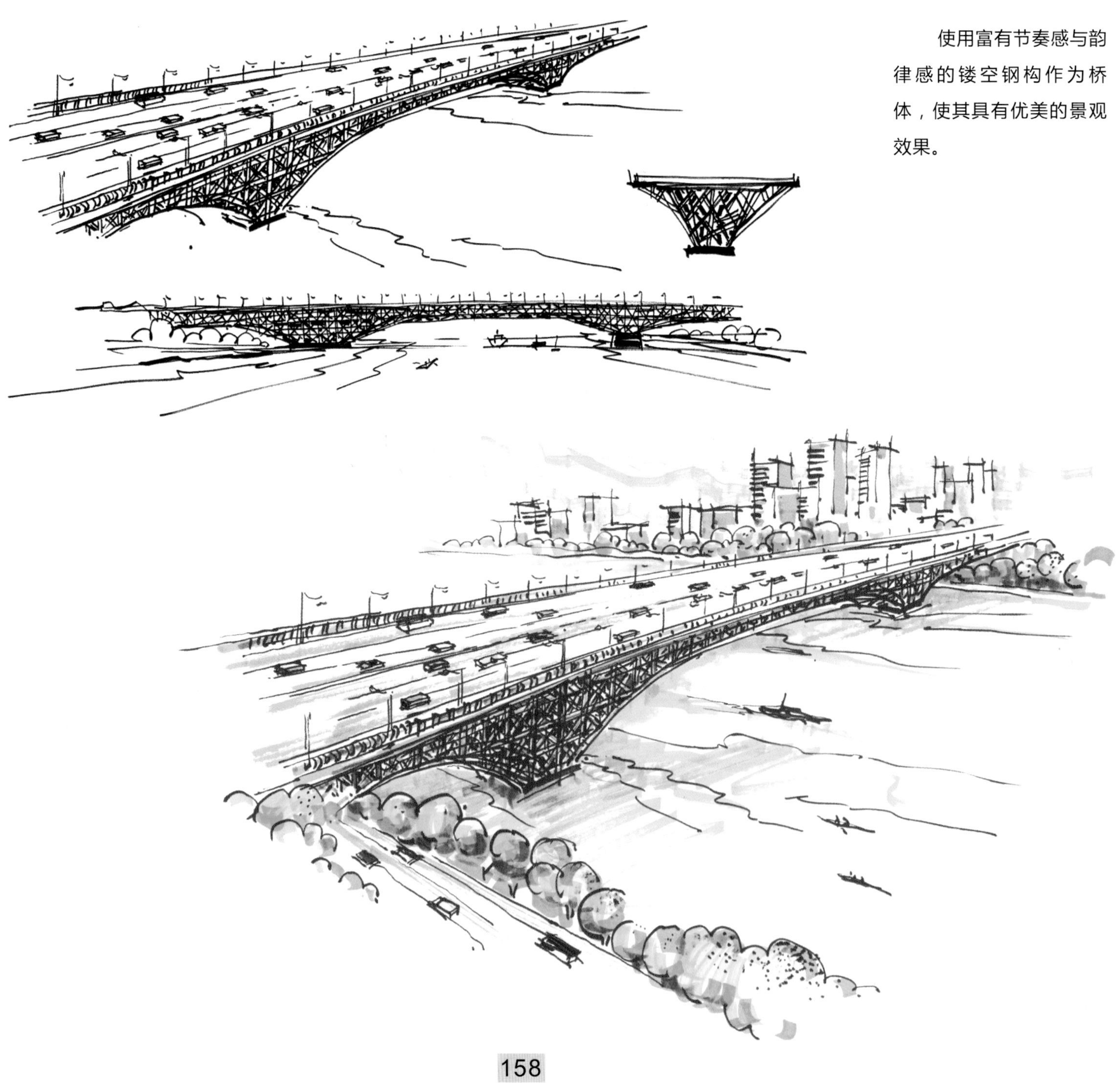

深化方案7

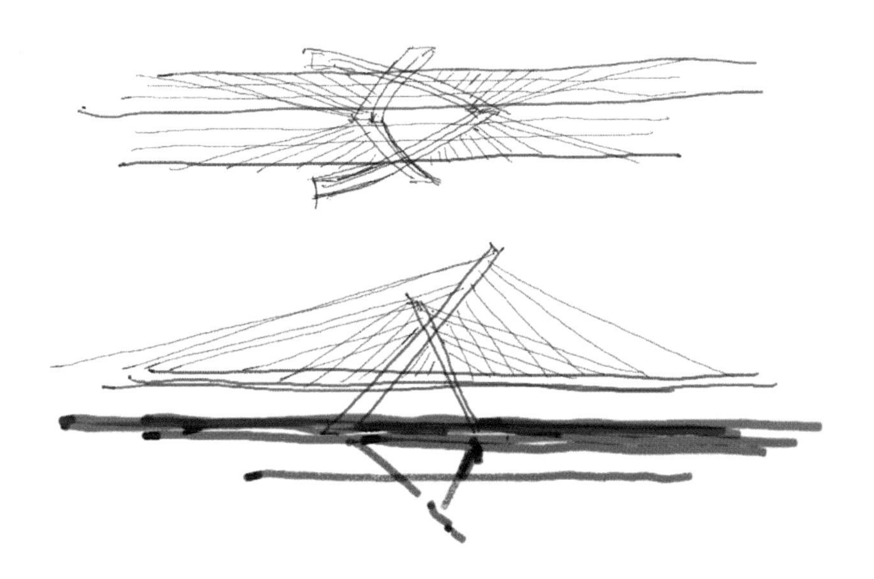

本方案的设计灵感来自于叶片。设计中选取极具生命力的嫩叶作为构思来源，桥塔在河流之上相互交错，仿佛两片嫩叶在不断生长，象征着积极向上的生命力。

后 记

在本书的写作过程中，笔者将多年来所做的实际项目进行了较为详细的分类，书中大多数是在做项目过程中与甲方交流时所绘制的草图，因而下笔较为粗犷，但是建筑的基本透视、光影和尺度关系大体上是准确的。

本书是笔者花了长达两年时间整理过去的手稿，经过筛选整合而成的。在编写过程中，得到了武汉市城市规划设计研究院、武汉市土地利用和城市空间规划研究中心以及武汉大学出版社等单位的大力支持，在此，一并表示衷心的感谢！另外，在编写过程中，还得到了研究生周家荣、杨梦、栾敏敏和库丛聪等同学的帮助，在此再次感谢他们在背后的付出和贡献。还有，笔者还要感谢亲朋好友的默默支持。

本书中所列全部图均为笔者原创，版权所有，侵权必究。

鉴于笔者个人的水平所限，书中若有纰漏之处，还望诸位不吝赐教！

徐 伟

2017. 03. 26